智能
生产线
布局与设计

魏丛文 / 编著

Intelligent
Production
Line
Layout
and
Design

U0296356

化学工业出版社

· 北 京 ·

内 容 简 介

智能制造将为我国工业发展带来机遇，而智能生产线则是企业实现智能制造的重要基础。本书在简要介绍智能制造基本概念和技术应用的基础之上，详细讲解了智能生产线结构组成、布局和设计的方法及流程，并进而通过新能源汽车锂电池智能生产线和太阳能电池智能生产线的设计案例来展现智能生产线在智能工厂中的技术应用。

本书可供制造类企业转型升级借鉴参考，也可供智能制造相关技术人员学习提高，还可供高等院校相关专业师生作为教材使用。

图书在版编目（CIP）数据

智能生产线布局与设计/魏丛文编著. —北京：化学工业出版社，2023.9（2024.10重印）
ISBN 978-7-122-43746-4

Ⅰ.①智… Ⅱ.①魏… Ⅲ.①自动生产线-布局②自动生产线-设计 Ⅳ.①TP278

中国国家版本馆CIP数据核字（2023）第119792号

责任编辑：王　烨　　　　　　　　　　文字编辑：郑云海　温潇潇
责任校对：刘　一　　　　　　　　　　装帧设计：刘丽华

出版发行：化学工业出版社（北京市东城区青年湖南街13号　邮政编码100011）
印　　装：河北延风印务有限公司
710mm×1000mm　1/16　印张14　字数254千字　2024年10月北京第1版第2次印刷

购书咨询：010-64518888　　　　　　　　售后服务：010-64518899
网　　址：http://www.cip.com.cn
凡购买本书，如有缺损质量问题，本社销售中心负责调换。

定　　价：89.00元

前言

智能制造作为一颗冉冉升起的璀璨明星，焕发着光彩和勃勃生机，它将是未来中国经济的增长引擎。全球掀起的第四次工业革命浪潮，是我们作为制造业大国向制造业强国转变，实现现代化工业强国梦的巨大历史机遇。智能制造是新的广阔天地、新的时代战场、新的变革起点。"撸起袖子，加油干"可以作为我们广大科研工作者和工程技术人员的座右铭。民族的振兴、国家的繁荣富强，还需我辈苦心钻研，辛勤付出，从而厚积薄发，并以求知和探索的实干精神书写新的篇章。

智能制造是全球制造业发展的趋势，智能制造系统作为智能制造技术的集成应用环境，目前已成为主要工业发达国家提早布局的重点。虽然我国的制造业已经取得令世界瞩目的成就，但是当前我国的工业仍处于低附加值水平，大而不强，缺乏核心技术，转型升级的任务依然艰巨。

智能制造是个交叉学科，综合性较强，知识面较广，主要包括工程图学、工程力学、机械原理及设计、电工电子学、公差与检测、数字化制造、智能设计与仿真、智能装备与控制、机器人工程、智能传感、工业互联网与物联网、工业大数据、智能运维与健康管理、智能制造系统规划与管理等诸多技术门类。广义上来讲，智能制造是一个很大的系统，涵盖智能设计、智能工厂（生产环节）、智能车间、智能生产线、智能管理、智能服务等方面，并覆盖产品设计、生产到销售的全生命周期，将会给工业生态带来深远的变革。篇幅所限，本书主要对智能制造中的关键部分——智能生产线布局与设计做充分阐述和介绍，以求达到以小见大、举一反三的效果。书中的内容多以实践经验为主，减少了枯燥乏味的叙述，增加了大量的案例图片。本书第1章绪论部分，主要对智能制造做大致的介绍，包括各种新技术的应用；第2章到第5章，主要讲解智能生产线的基本内容、组成单元、布局及设计等；第6章和第7章，通过对新能源行业中汽车锂电池和太阳能电池的生产线案例介绍，让读者加深对智能化生产线设计的理解，以求达到使初学者更好地吸收和融合知识的目的。本书的编写不仅为了传承我国在工业化发展进程中的宝贵经验，更重要的是通过概括凝练生产线设计制造实践经验，为从事或即将步入该行业的相关技术人员或初学者提供学习参考。

本书在编写的过程中参考了近些年出版的著作和论文，还曾得到万真荣、邓新春、江华军、高子君、代先刚、马康、昆山卓天傲精密机械总经理吕华、昆山迈柯特精密机械总经理彭易民、昆山佰林特精密机械总经理周祥春、昆山祥涛精密机械总经理黄秀强、青岛（西安）世亚精密管件运营经理王勇等的大力支持和帮助，在此向有关的著作者、企事业单位和友人表示衷心的问候和诚挚的谢意。

由于编者水平有限，加之时间仓促，书中难免存在疏漏之处，敬请读者与同行批评指正。

编著者
于江苏昆山

目录

第3章
智能生产线的组成单元

第4章
智能生产线的
总体设计

091

第5章
新能源汽车锂电池
智能生产线设计

113

第6章
**太阳能电池智能
生产线设计**

附录

参考文献

Chapter 1

——

第1章

——

绪论

1.1

生产制造概述

1.1.1 生产制造的定义

生产制造是人类所有商业经济活动的基石，是人类历史发展和文明进步的动力。生产制造是人类在社会发展到一定阶段，按照市场的需求，运用主观掌握的知识和技能，借助于手工或利用客观物质工具，采用有效的工艺方法和必要的能源，将原材料转化为最终物质产品并投放市场的全过程。生产制造业可以理解为制造企业的生产活动，即制造业是一个输入输出系统，其输入的是生产要素，输出的是具有使用价值的产品。现代社会人类的衣、食、住、行，例如家用电饭煲、纺织机、建筑机器人、智能手机、智能汽车、大型运输飞机等，这些实用的厨具、设备、生活用品、交通工具都离不开差异化的生产制造。只有源源不断地生产出各种商品、各种实用的工具，才能为人类提供必要的物质所需。

1.1.2 生产制造的流程

以普通人的眼光看工厂，它好像是一个黑匣子。制造商向匣子里投入一定的能源、生产原料、生产设备和人工，就能在对应的时间内获得相应的产品。我们能够清楚地核算匣子之外的投入和产出，但是匣子里具体发生了什么，比如生产如何进行、组织机构是否最优、设备利用率是否能提高等等一系列的问题，都是未知的。

生产制造是原材料投入到产出的过程，虽然听起来很简单，但是流程却很复杂，包罗万象。具体涉及哪方面的内容？让我们看下某制造企业的组织架构，如图 1-1 所示，生产制造过程需要所有相关部门的密切配合，是在严密组织下共同完成的。它是一个多部门参与、协调的过程。任何一个小的环节出现问题，生产制造都会被迫中断。

① 计划控制：可以理解为生产的大脑中枢，它决定了生产的种类、生产的时间、生产的地点、生产的数量，有计划地调度生产资源（人、设备、物料、技术、能源等）、合理分配，最终实现资源利用的最大化，完成前期的生产组织准备工作。

② 采购：根据生产计划，按时按量采购所需的物料。

③ 制造：包括加工、组装、工装夹具、仓储物流等管理。

④ 质量控制：对外购零部件、材料以及生产过程中的产品进行质量检验和质量管控。

⑤ 设计：产品的结构设计和研发。

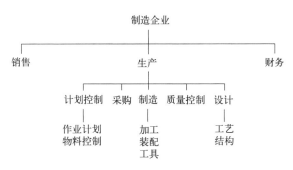

图1-1 某制造企业的组织架构

由上可知，生产制造过程具有严密的组织架构，各职能部门之间的关联程度、信息互通性、组织计划协调性、反馈应急机制，都会影响一个企业生产制造的正常运行。

1.1.3 我国主要的生产制造模式

制造活动是人类进化、生存、生活和生产活动的一个永恒的主题，是人类建立物质文明和精神文明的基础，与工业化进程和产业革命紧密相连。制造业先后已经历了机械化、电气化和信息化三个阶段，现在正处于智能化发展的第四个阶段，这个阶段现在普遍被称为第四次工业革命。各阶段的制造特征对比见表1-1、图1-2。

◇ 表1-1 工业革命的特点

序号	工业革命	主要标志	时代特点	生产模式	制造技术特点	制造装备及系统
1	第一次工业革命（1784年）	水力及蒸汽机动力应用	蒸汽时代	单件小批量	机械化	集中动力源机床
2	第二次工业革命（1870年）	电能和电力驱动	电气时代	大规模生产	标准化刚性自动化	普通机床、组合机床、刚性生产线
3	第三次工业革命（1970年）	数字化信息技术	信息化时代	柔性化生产	柔性自动化、数字化、网络化	数控机床、组合机床、FMS、CIMS
4	第四次工业革命（现在）	人工智能	智能化时代	网络化协同、大规模个性化定制	人-机-物互联，自感知，自分析，自决策，自执行	智能化装备、增材制造、混合、云制造、赛博物理系统应用等

(a) 18世纪台位式生产　　　　(b) 20世纪初期福特生产线生产　　　　(c) 20世纪中期丰田生产方式

图1-2　制造模式的发展变化

　　由于地理位置的差异，我国地域经济发展相对不均衡，珠三角、江浙沪等沿海地区处在改革开放的前沿，科技创新底蕴深厚，工业发展相对集中，产业升级迭代迅速。中西部地区的发展一般以农业、畜牧业、旅游业、轻工业为主，工业发展相对分散，无法产生集群效应，产业转移相对滞后。这就导致我国生产制造业具有参差不齐、发展不均衡的特征，其模式存在一定的差异，主要分为三种：粗放式、精细化和数智化（数字化或智能化）。

　　（1）粗放式的生产制造模式

　　粗放式的生产制造模式具有场地区域规划混乱、机器摆放杂乱无章、生产管理系统缺失、产出效率低、消防安全环保落后的特点，如图1-3。人和机器互相配合，两者优势互补，进行生产劳作。机器提供动力，不断重复某一个动作，可以局限地代替人的部分体力劳动。人通过对制程的了解，手动控制机器的运转并对某些复杂工序进行操作。通过自己的分析和判断，得出是否需要维护保养和停机的结论。这种完全依靠经验和个人智力的决策对生产效率有很大的影响，而且这种模式容易产生因不规范作业造成的工伤，以及因为人工操作失误或者机器失修造成的废件。这也导致了质检成为大部分制造业耗工最多的环节。由于机器全部由生硬的零部件构成，没有思维，无法进行信息的传递，这导致人与机器无

图1-3　粗放式生产制造场景

法进行有效融合。生产管理方式粗放，产品质量无法与工艺、加工人员、设备、物料、供应商等联系起来，缺乏对产品质量故障的预见性，缺少工艺改进、质量提升的技术支撑等，都是粗放式生产制造的弊端。

（2）精细化的生产制造模式

精细化生产模式是将离散型加工方式进行集成，独立的工序通过自动化生产线连接在一起，实行精益式的连续生产，消除中间环节的上下料、存储和搬运，如图1-4。人和机器可以进行小范围的互动，机器可以部分代替人的脑力劳动。人可以通过控制器（如PLC编程模块、变频器等）控制气缸、液压缸、电机、机器人等，从而设定机器的若干动作，以求实现过程自动化或半自动化。机器可以通过传统传感器将一些参数，如温度、湿度、长度、速度等，以数字的形式体现在触控面板上，便于监控，但是这些数据信息无法进行闭环管理。这种生产管理模式有空间地域的局限性，人员操作和机器维护保障都必须在近端完成，缺乏一定的灵活性。因此需要建立生产制造管理系统，将物料、库存、工艺、生产、质量等联系起来，以此来提高自身的管理和制造水平，提升产品质量，从而增加自身的竞争力。

图1-4　精细化生产制造场景

（3）数字化或智能化的生产制造模式

智能生产线将先进工艺技术、先进管理理念集成融合到生产过程中，实现基于知识的工艺和生产过程全面优化、基于模型的产品全过程数字化制造以及基于信息流物流集成的智能化生产管控，以提高车间/生产线运行效率，提升产品质量稳定性。

数字化或智能化的生产模式是这样的：生产线整齐排列组合，AGV自动运输车来回穿梭；工业机器人搭载视觉传感的机械臂灵活舞动；基于5G的MES（生产过程管理系统）生产看板实时记录、检测每一个生产环节；依托5G的机器视觉AI（人工智能）替代传统工人完成产品质检，它的最大特点是智能化、数字化、自动化等技术的集成与综合运用。此时的智能设备可以代替大部分脑力劳动，具有分析、反馈、自我调节的能力。人可以通过目视管理系统监控生产线的运营情况，及时发现异常，借助大数据、云计算、5G、人工智能、物联网等新技术对智能设备进行远程控制并发出指令，调整产线运行情况，以实现个性化、柔性化的生产目的。数字化或智能化的生产制造场景如图1-5。

图1-5　数字化或智能化的生产制造场景

　　随着全球产业链分工的深化和市场需求的变化，现在制造业中按订单设计、大规模定制的需求快速增长，要求企业的制造能力和资源具有高度柔性，而且产品的生命周期越来越短，要求企业加快新产品开发和新技术应用的速度，加速新产品上市的时间。随着我国经济的飞速发展和新常态的形成，供给侧结构性改革不断深化，传统装备制造业的经济动能逐渐减弱，中国经济以及装备制造的转型升级已经迫在眉睫，在国家政策的大力倡导和培育下，在发展新经济、新产业的背景下，智能制造将成为我国装备制造业转型升级和实现产业结构调整的必然趋势。

1.1.4　我国生产制造现状及趋势

　　随着我国老龄化的加速、人口增速的放缓，未来适龄劳动力、制造业从业人数或将呈持续下滑趋势。2022年中国制造业从业人员的平均薪酬已增至8.3万元/年，虽然我国制造业从业人员的薪酬水平不断提升，但是相较而言，中国制造业的人均产出并没有非常明显的提升。迅速增长的劳动力成本，以及仍然相对低效的产出水平，导致中国制造业逐渐失去人力成本的比较优势。在此情况下，中国制造业需要摆脱以往劳动密集型的生产模式，需要凭借自动化、智能化的生产制造解决方案，提高生产制造的效率，减轻人员成本压力。我们应该正视我国制造业面临的诸多问题，知己知彼，才能完成超越。

　　2021年，我国制造业增加值为4.23万亿美元，合人民币31.4万亿元，同比增长9.8%，表明我国制造业总体发展平稳。中国制造业增加值连续12年位居世界首位。人工智能、物联网、云计算、大数据、5G等先进技术的应用不断拓宽，遍布制造业中的研发、供应、生产、销售、服务等应用场景，促使数字化管理水平提升，更多的是提升了运营效率，从而推动我国制造业转型升级。

经过几十年来的工业化及经济的快速发展，目前我国已具备发展智能制造的基础和条件，体现在两个方面：一方面，取得了一大批相关的基础研究成果，掌握了长期制约产业发展的智能制造技术，如机器人技术、感知技术、复杂制造系统技术、智能信息处理技术等，以新型传感器、智能控制系统、工业机器人、自动化成套生产线为代表的智能制造装备产业体系逐步形成；另一方面，我国制造业数字化具备一定的基础，目前规模以上工业企业在研发设计方面应用数字化工具普及率已达54%，生产线上数控装备比重已达30%。

1.2
智能制造的定义与发展

随着全球能源结构的调整，原材料成本、人力成本、研发成本、管理成本都迫使制造型企业面临内部生产端和供应链对降本增效的压力，如质量的稳定性差，生产能耗高，生产管理信息传递与供应链管理脱节等。而且在互联网时代，企业更需要快速应对市场和客户的需求，其产品种类和批次更趋于个性化和多样化，模式更趋向于定制化，这就倒逼供应链和制造要"个性化、灵活、高效、快速"。为了满足用户的需求和体验，制造业必须致力于实现全流程端到端互联，打造智能制造工厂和供应链。

1.2.1 智能制造的优势

很多人不知道的是，"智能化"已经不再是仅存在于报告里的词汇。珠三角、江浙沪一带已经率先建立了很多"灯塔企业"，"黑灯工厂"也已屡见不鲜。但是总体上，智能化的普及仍存在一定的难度。第一，大部分的生产流程很难放在一个框架内，以机械生产为例，不同的产品可能会设计很多图纸，需要不同的车床组合加工。因此，如果下游种类很多，那么生产线需要深度优化才能实现智能化。第二，工厂中的设备本身往往缺少算力，很难支撑复杂的智能控制，甚至很多车间是没有网络的，设备也没有联网的能力，这就限制了智能化的部署。虽然困难很多，但是智能制造的优势却越加明显，其特点见表1-2。我国制造业也将智能制造作为新一轮产业技术变革的主要方向，致力于构建自己的智能制造产业体系。智能装备、智能工厂等未来生产手段和方式将广泛替代传统的生产方式。建立符合自身生产特点的智能车间/生产线,可以有效提升产品的质量稳定性和生产效率,并满足多品种、小批量、柔性化生产需求。

◈ 表1-2 智能制造的特点

序号	特点	内容
1	实现个性化、定制化生产和服务	多品种,小批量,快速响应
2	缩减人工,提高效率	高效率智能装备和工业机器人
3	降低成本,提高质量	智能管控技术实现精益生产
4	绿色生产,降低能耗	减少资源浪费,降低生产能耗
5	数智化转型过渡,新增值	服务型制造,智能制造服务商

1.2.2 智能制造的定义

智能制造(intelligent manufacturing,IM)中的"智能"是由"智慧"和"能力"两个词语构成。从感觉到记忆到思维这一过程,称为"智慧",智慧的结果产生了行为和语言,将行为和语言的表达过程称为"能力",两者合称为"智能"。因此,将感觉、记忆、回忆、思维、语言、行为的整个过程称为智能过程,它是智慧和能力的表现。制造是指对原材料进行加工或再加工,以及对零部件进行装配的过程。通常,按照生产方式的连续性不同,制造分为流程制造与离散制造(也有离散和流程混合的生产方式)两种。根据我国现行标准GB/T 4754—2017,我国制造业包括31个行业,又进一步划分约175个中类、530个小类,涉及了国民经济的方方面面。

1.2.2.1 各国家对智能制造的定义

(1)美国对智能制造的定义

美国"智能制造创新研究院"对智能制造的定义是:智能制造是先进传感、仪器、监测、控制和过程优化的技术和实践的组合,它们将信息和通信技术与制造环境融合在一起,实现工厂和企业中能量、生产率、成本的实时管理。它的侧重点是新能源、新材料、新农业、新信息技术、数字化,目标是产品智能化、生产自动化、信息流和物质流合一、价值链同步。

(2)德国对智能制造的定义

德国在《工业4.0战略计划实施》报告中,对工业4.0做了严格的定义:工业4.0概念指第四次工业革命,它意味着在产品生命周期内对整个价值创造链的组织和控制再进一步，即意味着从创意、订单、生产、终端客户产品交付，再到废物循环利用，包括与之紧密联系的各服务行业，在各个阶段都能更好满足日益个性化的客户需求。它的侧重点是信息物理融合系统应用，目标是实现所有相关信息的实时共享，实现企业价值网络的动态建立，实时优化和自组织，根据不同的标准对成本、效率和能耗进行优化。

（3）中国对智能制造的定义

我国工业和信息化部对智能制造的定义：智能制造是基于新一代信息通信技术与先进制造技术深度融合，贯穿于设计、生产、管理、服务等制造活动的各个环节，具有自感知、自学习、自决策、自执行、自适应等功能的新型生产方式。它的侧重点是以智能工厂为载体、关键制造环节智能化为核心、端到端数据流为基础、网络互联为支撑，目标是有效缩短产品研制周期、提高生产效率、提升产品质量、降低能耗。

由以上各国对智能制造的定义可知，智能制造是面向产品全生命周期，实现泛在感知条件下的信息化制造。智能制造技术是在现代传感技术、网络技术、自动化技术、拟人化智能技术等先进技术的基础上，通过智能化的感知、人机交互、决策和执行技术，实现设计过程、制造过程和制造装备的智能化，是信息技术和智能技术与装备制造过程技术的深度融合和集成。广义上的智能制造是具有信息感知获取、智能判断决策、智能生产流程优化、自动执行等功能的先进制造过程及系统与模式的统称。狭义上的智能制造是人类某领域专家和智能机器，以信息技术为辅助，共同组成的人机一体化系统。它突出了在制造环节中，以一种高度柔性与集成的方式，借助大数据、云计算、人工智能、物联网等技术（具体技术涵盖范围见表1-3），模拟人类专家的大脑思考活动，进行分析、判断、推理、构思和决策，取代或延伸制造环境中人的部分脑力活动，同时收集、存储、完善、共享、继承和发展人类专家的制造智能。由于这种制造模式突出了知识在制造活动中的价值地位，而知识经济又是继工业经济后的主体经济形式，所以智能制造就成为影响未来经济发展过程的制造业的重要生产模式。

◇ 表1-3 智能制造涉及的具体技术

序号	类别	具体技术
1	信息与通信技术	物联网、互联网、智能传感器、5G通信技术、云计算技术、信息安全、大数据分析、边缘计算等
2	自动化技术	工业机器人、运动控制、数据采集、人机界面、数控系统等
3	先进制造技术	增材制造(3D打印)、高速高精密加工、激光加工技术、检测技术、搅拌式摩擦焊技术、高精密铸造技术等

序号	类别	具体技术
4	人工智能技术	机器学习、自然语言处理、语言文体转换、图像识别、计算机视觉、自动推理、知识表达等
5	企业管理技术	精益管理、绿色制造、柔性制造、云制造、并行工程、全面质量管理、供应链管理等

智能制造的生产系统可以比作一个智能人，会更加自然地与人类生物反应及处理过程同步，通过人类对它进行思维灌输，让它进行深度学习，可以不借助外力解决一定的自身问题。它也可以将自己遇到的问题反馈给人类，人类在获取它发出的信息后，迅速分析判断，指明方向，它就按照步骤处理问题。

1.2.2.2 主要国家的智能制造发展战略

随着科技的进步，时代的变化，绿色、开放、共享和以人为本的发展理念正席卷全球。世界正迎来一轮新的科技革命和产业变革浪潮。德国、美国、日本、法国、韩国等发达国家纷纷推出相关国家战略或计划，试图通过技术进步和产业调整重获工业制造优势，以在未来激烈的全球竞争中占据先机，其中最引人注目的是德国在2011年推出的"工业4.0"。"工业4.0"之所以在中国乃至世界引发广泛关注，很大程度上在于它为世人描绘了一幅"第四次工业革命"的愿景。

新一轮工业革命的本质是未来世界的工业标准之争。美国互联网和软件业发达，因此提出工业互联网标准，试图从软件出发打通硬件；德国拥有强大的机械制造业，希望从硬件出发打通软件。中国是制造业和互联网大国，同时拥有推行工业标准所需的庞大市场，应从早期介入，凭借自身优势积极参与游戏规则的制定，并在对外经贸合作中推介"中国标准"。

（1）美国——《美国先进制造领先战略》

该战略提出了中小企业投资教育体系建设、多界合作关系、联邦投资、国家研发投入等战略目标，注重工业互联网的建设。该战略提出发展新技术、培育人力、扩展提升国内制造业供应链3大战略方向，相关技术包括工业机器人、人工智能基础设施、网络空间安全、高性能材料、增材制造、连续制造、生物药物制造、半导体设计工具与制造、农业食品安全生产与供应链等。

（2）德国——《工业4.0战略实施建议》

该战略提出并定义第四次工业革命，即工业4.0。工业4.0作为智能化、网络化世界的一部分，重点是创造智能产品、程序和过程，关键主题为智能工厂、智能生产、智能物流。德国工业4.0重点关注5大领域——价值网络下的横向集成、全价值链的端到端工程、纵向集成和网络化制造系统、工作场所中新的社会基础设施、虚拟网络-实体物理系统技术。

（3）法国——《新工业法国》

该战略提出通过创新重塑工业实力，使法国处于全球工业竞争力第一梯队。该战略为期10年，主要解决能源、数字革命和经济生活3大问题，共包含可再生能源、电池电动车无人驾驶、智慧能源等34项具体计划。

（4）日本——《日本制造业白皮书》

《日本制造业白皮书》分析了日本制造业现状及面临问题，除了相继推出大力发展机器人、新能源汽车、3D打印等政策之外，特别强调了发挥IT的作用。《日本制造业白皮书》还将企业的职业培训、面向年轻人的技能传承、理工科人才培养等视作亟待解决的问题。《日本制造业白皮书》已经更新到2019版，开始专注到"互联工业"，与美国工业互联网不同，希望突出"工业"的核心地位。

（5）中国——《中国制造2025》

《中国制造2025》由国务院于2015年5月印发部署，是中国实施制造强国战略第一个十年的行动纲领。文件主要纲领如下。"一"个目标：从制造业大国向制造业强国转变。"两"化融合：信息化和工业化深度融合。"三"步走战略目标：第一步，力争用十年时间，迈入制造强国行列；第二步，到2035年，我国制造业整体达到世界制造强国阵营中等水平；第三步，新中国成立一百年时，制造业大国地位更加巩固，综合实力进入世界制造强国前列。"四"项原则：市场主导、政府引导；立足当前，着眼长远；全面推进，重点突破；自主发展、合作共赢。"五"条方针：创新驱动、质量为先、绿色发展、结构优化、人才为本。"五"大工程：制造业创新中心建设工程、工业强基工程、智能制造工程、绿色制造工程、高端装备创新工程。"十"个重点领域突破：新一代信息技术、高档数控机床和机器人、航空航天装备、海洋工程装备及高技术船舶、先进轨道交通装备、节能与新能源汽车、电力装备、新材料、生物医药及高性能医疗器械、农业机械装备。这是制造业重大的历史机遇，需要工程制造行业各类人才的共同努力，并做出应有的贡献。

1.2.2.3 我国智能制造的发展现状

中国制造2025的主攻方向是智能制造，要推进信息化与工业化的深度融合，促进工业互联网、云计算、大数据在企业研发设计、生产制造、经营管理、售后服务等全流程和全产业链的综合集成应用，智能制造是现阶段制造业转型升级的必然道路。在《中国制造2025》基础上，国家又相继推出关于工业互联网、工业机器人、两化融合等政策，智能制造成为"十四五"规划重点。智能制造发展较快的城市有北京、深圳、东莞、佛山、重庆、苏州、上海、宁波等。

从《中国制造2025》再到《"十四五"智能制造发展规划》的发布，都是以发展先进制造业为核心目标，布局规划制造强国的推进路径。最近几年，工业和信息化部持续组织实施智能制造试点示范专项行动，遴选出一批先行先试的示范项目，有效带动了我国智能制造的发展。目前应用较为广泛的有八大典型智能制造模式，分别是大规模个性化定制、产品全生命周期数字一体化、柔性制造、互联工厂、产品全生命周期可追溯、全生产过程能源优化管理、网络协同制造、网络运维服务。

我国实力雄厚的制造型企业在智能制造领域部署的重点依次是数字化工厂、设备及用户价值深挖、工业物联网、重构生态及商业模式以及人工智能。其相关技术包括工业软件、传感器技术、通信技术、人工智能、物联网、大数据分析等。在我国制造业逐渐呈现出稳定发展趋势的同时，智能制造业成为驱动我国制造业发展的主要动力之一。我国通过试点示范应用、系统解决方案供应商培育、标准体系建设等多措并举，制造业数字化、网络化、智能化水平显著提升，形成了央地紧密配合、多方协同推进的工作格局，发展态势良好，供给能力不断提升。

智能制造产业的下游包括消费电子、新能源、医疗、精密仪器等诸多产业。下游产业旺盛的市场需求将有效带动智能制造行业的发展。我国新能源市场前景十分广阔，上下游行业配套不断完善，同时在国家补贴政策的支持下，新能源产业得到了长足的发展。未来，随着"双碳"目标的提出，新能源行业发展环境将继续向好，行业发展前景可期。作为新能源产业的重要组成部分，我国动力锂电池和太阳能电池企业在全球市场中的竞争力也不断增强，在推动新能源技术突破的同时，也为其上游的精密装备制造企业的发展创造了条件。

1.2.3 企业如何实现智能化

智能制造中的智能就是要打造出一个制造系统的大脑中枢，这个大脑可以感知到整个生产环节的各种因素的变化，并且经过分析计算做出最优的决策。智能制造的最终目标是让机器设备具有人的思考、视觉、触觉、味觉等能力，然后使整个生产系统更加数字化、信息化和智能化。如果要实现上述目标，就需要从以下三个方面进行建设：

① 实现面向生产制造过程的感知和执行。感知，首先要掌握外界的信息，通过数据采集来实时掌握生产环节的各个状态，比如原材料库存情况、设备运行情况、人员情况等。目前我们的工业物联网，各个环节的信息化系统都可以理解为数据采集。工业物联网采集的是设备的运行数据，各个业务系统采集的是业务数据。各种传感器、变送器、执行器、RTU（远程终端设备）、条码、射频识别，

以及数控机床、工业机器人、工艺装备、AGV（自动引导车）、智能仓储等是感知和执行的现场设备。

② 实现制造数据的流动和数据分析。首先实现各个系统数据的互联互通。比如采购影响着原材料库存，库存又影响着生产，所以我们要让不同系统中的数据建立联系，建立基本生产计划（如原料使用、交货、运输），确定库存等级，保证原料及时到达正确的生产地点，以及远程运维管理等。企业资源规划（ERP）、客户关系管理（CRM）、供应链关系管理（SCM）等管理软件都在该环节运行，之后通过大数据分析或者各种人工智能算法得出某个环节的最优解。

③ 实现自我决策。通过分析，智能系统可以控制生产环节做出调整。最简单的就是调度，比如发现某一产品原材料库存不足会自动切换另一种产品。发现一台设备有空闲，利用率不够，可以自主分配任务给此设备，提高资源利用率。

此时，整个生产环节，从采购到生产到质量控制到交付，全部由智能系统来调度，仿佛有一个大脑在控制着各个环节做出相应的动作。因此，企业智能化转型也可以分为数字化、网络化、智能化三步。在数字化、网络化、智能化的相互递进与配合下，企业的智能工厂、跨企业价值链延伸、全行业生态构建与优化配置将有望得以实现。

1.3

智能工厂的定义与建设

智能工厂是未来智能制造的关键组成部分，智能化生产系统及过程以及网络化分布生产设施的实现将会是未来不可避免的过程。在机械、汽车、航空、船舶、轻工、家用电器和电子信息等离散制造领域，智慧工厂的建立，会大大拓展产品价值空间，有助于生产效率和产品效能的提升，实现价值增长。

1.3.1 智能工厂的定义

智能制造以智能工厂为载体。智能制造的过程包括面向智能加工与装配设计、智能服务与管理等多个环节，而其中智能工厂中的全部活动基本上可以从产品生产制造、设计以及供应链三个层面来描述。由于智能制造主要是制造技术、信息网络技术以及人工智能技术三者的深度融合的产物，对智能工厂而言，其核心要求之一就是要实现信息流、物资流和管理流的统一。智能工厂又可以称为智慧工厂，它和传统工厂最主要的区别是以设计、制造、管理、仓储运输物流为中心的数字化、网络化、智能化的制造。利用现代的科技手段和实时管理软件，能够完整掌握产品设计、技术支持、生产制造与执行以及原材料供应、销售和市场相关的所有环节的活动。通过大数据分析，实时下达指令指导生产活动，消除了信息孤岛，打通了生产相关的各个节点。生产管理者可以更好地掌握工厂的人力、资源、设备、市场等信息，便于作出更贴合实际的决策。而传统工厂由于管理工作繁多，很多模块都是单独管理，无法做到资源的统一协调，且很多数据并不是实时在线，大大增加了管理难度。二者区别见表1-4。

◎ 表1-4 传统工厂与数智工厂的区别

序号	项目	传统工厂	数字化或智能化工厂
1	信息录取	人工读数抄写	设备数据自动上传
2	生产报表产出	人工整理，专业软件(EXCEL等)输出	系统需求自动生成
3	品质判断	人工目视+经验得出结论	监控系统+配方异常报警
4	设备异常报警	现场人员	现场+远程端授权
5	设备维护	周期性保养	预防性保养
6	生产追溯	耗费人工，追查不易	容易
7	AI应用	否	可
8	设备意外停机	无法预测	可以预测

一个工厂通常由多个车间组成，大型企业有多个工厂。多个车间、多个工厂之间要实现信息共享、准时配送和协同作业。云计算中心通过云平台，以集约化部署形式搭建跨设备、跨系统、跨厂区、跨业务的互联互通系统，把整个工业与信息化体系相关的软硬件融合在一起，贯通智能制造系统、生产执行系统、智能经营系统、智能决策系统等，最终形成集成化、智能化的现代化工厂。

1.3.2 智能工厂的组成

智能工厂是以生产制造为目的，涵盖了产品全生命周期智能化实施与实现的组织载体，借助移动通信网络、数据传感监测、信息交互集成、高级人工智能等相关技术，应用在产品生产的车间、产线，以实现生产系统的数字化、网络化、智能化、柔性化和绿色化。做好智能工厂的规划和建设，需要从各个角度综合考虑，避免片面和极端性。一般从投资预算、技术先进性、投资回收期、系统复杂性、生产的柔性等多个方面进行综合权衡、统一规划，从一开始就避免产生新的信息孤岛和自动化孤岛，才能确保做出真正可落地，既具有前瞻性，又有实效性的智能工厂规划方案。智能工厂的建设需要根据企业自身的条件，打造最高效、最安全、最省事、最便捷、最节约的智能工厂。智能工厂主要由硬件设施和管理软件控制两个部分组成。

（1）硬件设施

① 基础设施。智能工厂的主要基础设施侧重于水、电、气、网络、通信、监控等方面。整个厂房的工作分区（加工、装配、检验、进货、出货、仓储等）应根据工业工程的原理进行分析，可以使用数字化制造仿真软件对设备布局、产线布置、车间物流进行仿真。

企业首先应当建立有线或者无线的工厂网络，实现生产指令的自动下达和设备与产线信息的自动采集，形成集成化的车间联网环境，解决不同通信协议的设备之间，以及PLC、CNC、机器人、仪表/传感器和工控/IT系统之间的联网问题。工业通信网络总体上可以分为有线通信网络和无线通信网络两类。有线通信网络主要包括现场总线、工业以太网、工业光纤网络两类、TSN（时间敏感网络）等，现阶段工业现场设备数据采集主要采用有线通信网络技术，以保证信息实时采集和上传，对生产过程实时监控的需求。无线通信网络技术正逐步向工业数据采集领域渗透，是有线网络的重要补充，主要包括短距离通信技术（RFID、Zig-bee、WIFI 等），用于车间或工厂内的传感数据读取、物品及资产管理、AGV等无线设备的网络连接；专用工业无线通信技术（WIAPA/FAWirelessHART、ISA100.11a等）；以及蜂窝无线通信技术（4G/5G、NB-IoT）等，用于工厂外智能产品、大型远距离移动设备、手持终端等的网络连接。

智能厂房要规划智能视频监控系统、智能采光与照明系统、通风与空调系统、智能安防报警系统、智能门禁一卡通系统、智能火灾报警系统等。采用智能视频监控系统，通过人脸识别技术以及其他图像处理技术，可以过滤掉视频画面中无用的或干扰信息、自动识别不同物体和人员，分析抽取视频源中关键有用信息，判断监控画面中的异常情况，并以最快和最佳的方式发出警报或触发其他动作。利用视频监控系统对车间的环境、人员行为进行监控、识别和报警。此外工厂应当在温度、湿度、洁净度的控制和工业安全（包括工业自动化系统的安全、生产环境的安全和人员安全）等方面达到智能化水平。

② 智能设备层。智能制造装备是指具有感知、分析、推理、决策、控制功能的制造装备，它是先进制造技术、信息技术和智能技术的集成和深度融合。作为智能工厂运作的重要手段和工具，智能设备主要包含智能生产设备、智能检测设备、智能物流设备、智能仓储设备等。目前智能制造装备的两大核心即是数控机床与工业机器人。

③ 智能产线层。智能产线是智慧工厂的核心环节，是设备、网络、信息、自动化、精益管理与制造技术相互集成的表现，通过改善车间的管理和生产制造各环节，最终实现快速的生产制造过程。智能产线的特点是在生产和装配过程

中，能够通过传感器、工业控制软件（PLC）或 RFID 自动进行生产、质量、能耗、设备绩效等数据采集，并通过电子看板显示实时生产状态，通过安灯系统实现工序之间协作。生产线能够实现快速换模，实现柔性自动化，能够支持多种相似产品的混线生产和装配，灵活调整工艺，适应小批量、多品种的生产模式；具有一定冗余，如果生产线上有设备出现故障，能够调整到其他设备生产；针对人工操作的工位，能够给予智能的提示，并充分利用人机协作。

④ 智能物流仓储。智能物流仓储主要包括物料识别系统、货位管理系统、自动分拣系统、物料传输系统，以及立体仓库和 AGV 系统等部分。推进智能工厂建设，生产现场的智能物流十分重要，尤其是对于离散制造企业。智能工厂规划时，要尽量减少无效的物料搬运。根据每个客户订单集中配货，并通过 RGV 配送到装配线，消除了线边仓。利用 AGV 小车实现物料自动领用、半成品自动周转、成品自动入库，打造无人分拣、智能搬运的智慧仓储作业系统，大大提高了工厂内部物流的周转效率。

（2）生产管理软件控制

在智能化生产线设计方案中，信息系统是柔性生产线的上层管理系统，主要应用 MES 系统和 ERP 系统，主要功能是处理产品的生产信息，形成一定格式的数据文件。根据每次生产不同的产品，由接口软件动态调用对应的技术文件，并传递给自动化生产线。要实现对生产过程的有效管控，需要在设备互联网的基础上，利用制造执行系统、先进生产排产、劳动力管理等软件进行高效的生产排产和合理的人员排班，提高设备利用率，实现过程的追溯，减少在制品库存；应用人机界面以及工业平板等移动终端，实现生产过程的无纸化。

① 企业资源计划（ERP）。ERP 系统是企业最顶端的资源管理系统，强调对企业管理的事前控制能力，它的核心功能是管理企业现有资源并对其合理调配和准确利用，为企业提供决策支持。

② 制造执行系统（MES）。智能制造生产线制造执行系统（manufacturing execution system，MES），是针对我国中小制造企业提供的一种面向车间的精益生产管理软件，它由统一的工厂建模和可配置的业务流程引擎驱动，采用 JIT 及时生产机制和拉动式计划排产方法，为制造企业客户提供高效的生产现场信息化管理平台。该系统由电子看板系统、车间现场管理终端、车间信息管理中心三部分组成，核心功能包括：生产计划与排产、BOM 管理、条码管理、在制品管理、质量管理、库存管理、设备管理以及生产进度统计等，如图 1-6 所示。MES 系统是面向车间层的管理信息系统，主要负责生产管理和调度执行，能够解决工厂生产过程的"黑匣子"问题，实现生产过程的可视化和可控化。它主要包括生产过程管理、计划管理、质量管理、设备管理、能源管控等功能。MES（制造执行系

统）是智能工厂规划落地的着力点，MES是面向车间执行层的生产信息化管理系统，上接ERP系统，下接现场的PLC程控器、数据采集器、条形码、检测仪器等设备。MES旨在加强MRP计划的执行功能，贯彻落实生产策划，执行生产调度，实时反馈生产进展；改善企业生产计划的制定和调整，加快企业生产计划执行状况的反馈速度，改善设备的管理状况，改善生产过程中的质量控制力度；改善企业的实时数据报表能力，消除企业中的信息孤岛，实现企业内部的信息共享。

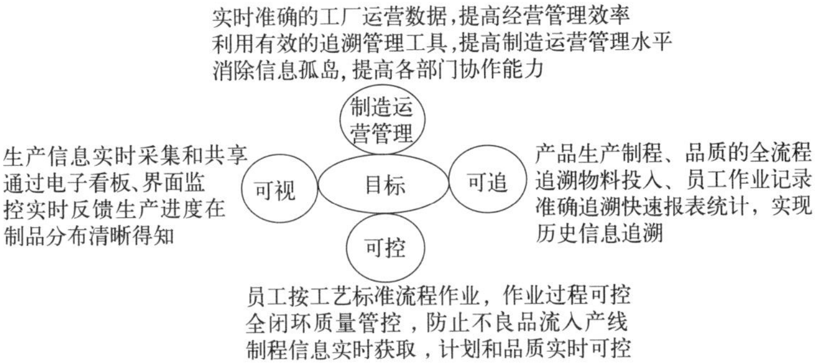

实时准确的工厂运营数据,提高经营管理效率
利用有效的追溯管理工具,提高制造运营管理水平
消除信息孤岛,提高各部门协作能力

制造运营管理

生产信息实时采集和共享
通过电子看板、界面监
控实时反馈生产进度在
制品分布清晰得知

可视　目标　可追

产品生产制程、品质的全流程
追溯物料投入、员工作业记录
准确追溯快速报表统计,实现
历史信息追溯

可控

员工按工艺标准流程作业,作业过程可控
全闭环质量管控,防止不良品流入产线
制程信息实时获取,计划和品质实时可控

图1-6　MES系统功能

ERP与MES两大系统在制造业企业信息系统中处于绝对核心位置，但两大系统也都存在着比较明显的局限性。ERP系统处于企业最顶端，但它并不能起到定位生产瓶颈、改进产品质量等作用；MES系统主要侧重于生产执行，财务、销售等业务不在其监控范畴。企业要搭建一套健康的智能"神经系统"，ERP与MES系统就必须进行融合，构成计划、控制、反馈、调整的完整系统，通过接口进行计划、命令的传递和实绩的接收，使生产计划、控制指令、实时信息在整个ERP系统、MES系统、过程控制系统、自动化体系中透明、及时、顺畅地交互传递并逐步实现生产全过程数字化。

1.4
5G网络的技术应用

移动互联网技术将全球人与人之间的通信变得触手可及，而工业物联网技术则打破了人与物、物与物之间的通信壁垒。信息通信技术的更新迭代为生产制造业的转型升级提供了强有力的技术保障，并且带来了新的历史性发展机遇。在数字化、智能化浪潮的驱动下，大数据、云计算、人工智能等新一代信息通信技术与制造业的融合逐渐从理念普及走向应用推广。制造业的柔性化、个性化、高端化转型发展趋势愈发明显，对网络通信的能力要求也在不断提高。人们对高性能、高传输比、灵活组网能力的无线网络需求日益迫切。

工厂里基于5G通信系统全覆盖的生产环境，可以实现物流、装配与各工序监测追溯。比如某总装车间里各处送货的智能AGV小车（无人驾驶）根据工单准确快速地把需要用的不同规格的零件物料送到总装线上，避免人工失误。在总装车间完成装配之后，生产线上可以通过自主OTA技术实现软件的高速灌装与激活，并通过5G链接云平台进行FOTA自动下线检测，利用无线传输大幅度提升效率，并可以实现全程数字化监测。

1.4.1   5G无线网络相比有线网络更具优势

2019年是5G无线网络商用的元年，其具备媲美光线的传输速度、毫秒级的端到端时延、99.999%的可靠性、百亿设备的连接能力、超高流量密度和超高移动性等特点以及万物互联的泛在连接和接近总线的实时能力，而且能够突破地域和单一产业领域的限制。

智能制造过程中的智慧云平台和工厂生产设备之间的实时通信，海量的传感器、工业机器人和人工智能平台的高效信息交互，对通信网络有多样化的需求和极为苛刻的性能要求。而且还需要引入高可靠性的无线通信技术。生产制造设备的无线化使工厂模块化、柔性化生产成为可能，更重要的是无线网络可以使工厂和生产线的建设、改造施工更加便捷、安全、低损耗、低污染，还可减少大量的维护工作，从而降低成本。

智能制造自动化控制系统中，低时延的应用非常广泛，比如对环境敏感度高或精密的电子仪器生产制造环节、易燃易爆的化学危险品生产环节等。智能制造闭环控制系统中传感器（如压力、温度等）获取到的信息需要通过极低时延的网络进行传递，最终数据需要传递到系统的执行器件（如机械臂、电子阀门、加热器等）完成高精度生产作业的控制，并且整个过程需要网络具有极高可靠性，来确保生产过程的安全高效。在独立的生产制造工作站，通过5G无线网络，让PLC模块控制设备的时延大大降低，提升了设备的灵敏度和精度，并扩展了远程控制的范围，实现更加安全的操作自动化和故障诊断。

此外，工厂中自动化控制系统和传感系统的工作范围可以是几百平方公里到几万平方公里，甚至可能是分布式部署。根据生产场景的不同，制造工厂的生产区域内可能有数以万计的传感器和执行器，需要通信网络的海量连接能力作为支撑。由此可见，5G无线网络相较线缆、光纤、WIFI，其信息传输速度具有无可比拟的优势。

1.4.2　5G无线网络的技术应用

（1）5G无线网络赋能柔性生产线

带有消费者需求和产品"信息"功能的系统成为硬件产品销售新的核心，个性化定制成为潮流，尤其是汽车、服装、日用化工品类产品。为了满足全球范围内不同市场对产品的多样化、个性化需求，生产企业内部需要因势制宜变换现有的生产模式，基于柔性技术的模块化生产模式正在成为新的发展趋势。柔性生产线可以根据不同的订单灵活调整产品生产模块。在传统的网络架构下，生产线上各单元的模块化设计虽然相对完善，但是受到生产场地、网络空间、线缆布局的影响，制造企业在进行混线生产的过程中始终受到较大约束。5G无线网络将在两个方面赋能柔性生产线：

① 提高生产线灵活、机动的部署能力。未来柔性生产线上的制造模块需要具备灵活快速的重部署能力和低廉的改造升级换代成本。工厂搭载5G无线网络后，将使生产线上的设备摆脱线缆的束缚，通过与云端平台无线连接，进行功能的快速更新和拓展，并且快速地自由移动和拆分组合，在短时间内可以快速实现生产线的灵活改造。在智慧工厂内，通过5G无线网络，数百个大数据采集点和传感器将收集的数据进行无缝传输和信息共享，如注塑机、检测机、焊接机等百余台设备联网，实现产品全生命周期的数据可视化、可追溯应用，使产品质量检测的稳定性和可靠性得到保证。利用高可靠性网络的连续覆盖，使得工业机器人或服务机器人在移动过程中活动区域不受限制，按指令到达指定位置，在各种生产场景中进行不间断工作以及工作内容的平滑切换。

② 提供弹性化的网络部署方式。5G无线网络中的SDN（软件定义网络）、NFV（网络功能虚拟化）和网络切片功能，能够支持制造企业根据不同的业务场景灵活编排网络架构，按需打造专属的传输网络，还可以根据不同的传输需求对网络资源进行调配，通过带宽限制和优先级配置等方式，为不同的生产环节提供适合的网络控制功能和性能保证。在这样的架构下，柔性生产线的工序可以根据原料、订单的变化而改变，设备之间的联网和通信关系也会随之发生相应的改变。5G无线网络还可构建连接工厂内外的人和机器为中心的全方位信息生态系统，最终实现任何人和物在任何时候和任何地点都能实现彼此信息共享。消费者在要求个性化的商品和服务的同时，企业和消费者的关系发生变化，消费者将参与到企业的生产过程中，消费者、使用者可以跨地域通过5G无线网络参与到产品的设计以及对产品状态信息进行查询。

（2）5G无线网络赋能云工业机器人

作为现代生产制造业中的"肌肉"单元，工业机器人正在被大规模使用和推广。人们希望它们不仅能够从事生产线重复工序，还能够具有自由移动、工业大数据分析和处理、协调管理和生产决策等更高级的功能。这些功能要求工业机器人同时具备灵活移动性、海量信息数据即时收集和处理能力。在智能制造生产场景中，工业机器人有自组织和协同的能力来满足柔性化生产，这就带来了机器人对云化的需求。和传统的机器人相比，云化机器人需要通过网络连接到云端的控制中心，基于超高计算能力的平台，并通过大数据和人工智能对生产制造过程进行实时运算控制。

通过云技术机器人将大量运算功能和数据存储功能移到云端，这将大大降低机器人本身的硬件成本和功耗。并且为了满足柔性制造的需求，机器人需要满足可自由移动的要求。因此在机器人云化的过程中，需要无线通信网络具备极低时延和高可靠的特征。

5G网络是云化机器人理想的通信网络，是实现云化机器人的关键。5G切片网络能够为云化机器人应用提供端到端定制化的网络支撑。5G网络可以达到低至1ms的端到端通信时延，并且支持99.999%的连接可靠性，强大的网络能力能够极大满足云化机器人对时延和可靠性的要求。5G无线网络可以加强机器人之间的协同工作能力，使机器人更加敏捷、安全、高效地与人合作，例如"5G+视觉质检"场景，通过工业相机、机械人等装备多角度采集产品图像，对产品的完整性、光洁度和瑕疵进行采样、甄别、存档，生产安全得到保障。

（3）5G无线网络赋能工业AR/VR

未来的智能工厂生产中，高级技术工人将发挥更重要的作用。对环境要求高、技术密集型的产业，将对车间工作人员有更高的要求。全球性的人才共享可以降低高技术人才的地域性分布差异。其中的媒介就是工业AR/VR。为快速满足新任务和生产活动的需求，增强现实AR将发挥很关键作用，在智能制造过程中可用于如下场景，如监控流程和生产流程，生产任务分步指引（例如手动装配过程指导），远程专家业务支撑（例如远程维护）。

未来工业AR将用于装配过程指导、设备检修等应用场景，通过虚拟影像与真实视觉叠加直观地呈现出操作步骤，帮助工程师缩短作业时间，降低错误率。工业VR将辅助工业设计，使远程的工作人员进入同一个虚拟场景中协同设计产品，也可以实现工厂的三维立体虚拟化展示，使管理人员全面了解工厂生产情况。超高清AR/VR视频每秒容量高达百兆以上，目前的4G或WIFI网络很难同时满足稳定、流畅、实时三方面的视觉体验要求。5G无线网络可以使工业AR/VR终端更加轻便、成本更低，有效提升工业AR/VR的显示效果，并提高工业

AR/VR的交互体验。

（4）5G无线网络赋能数据采集与实时监控

智能工厂的生产中，各种信息数据（如生产数据、车间工况、设备状态、人员安全的监控）的收集能为生产的决策、调度、运维、突发应急、大数据分析等情况提供可靠的数据支持。厂区5G高清摄像头全覆盖，将生产画面同步传输至安防管理平台，并实时对员工是否佩戴口罩和安全帽、危险区域入侵行为、明火等危险源进行识别、预警，巡检人力下降90%、事故提前预防率提升。如图1-7所示为实时监控平台。

虽然NB-IoT、Zigbee等无线技术已经在工业数据采集与监控中得到了一定程度的使用，但在传输速率、覆盖范围、延迟、可靠性和安全性等方面都还存在各自的局限性。5G无线网络可以实现工厂内海量数据的实时上传与共享，及时为生产流程优化、人员设备管理、能耗管理等方面提供网络支撑；5G无线网络能够将厂房内高分辨率的监控录像同步回传到控制中心，通过5G+8K超高清视频还原各区域的生产细节，为工厂精细化监控和管理提供支持。同时，智能工厂中产品缺陷检测、精细原材料识别、精密测量等场景需要用到视频图像识别；5G无线网络广覆盖、大连接、低成本、低能耗的特性有利于远程生产设备全生命周期工作状态的实时监测，使生产设备的维护工作突破工厂边界，实现跨工厂、跨地域远程故障诊断和维修。

图1-7 实时监控平台

作为新一代无线通信技术，5G网络将为智能制造生产系统提供多样化和高质量的通信保障，促进各个环节海量信息的融合贯通。可以预见，在"5G+"时代，制造业智能化升级将更为全面和深入，以5G为核心的融合创新将成为我国制造业高质量发展的强大动力和强劲支撑。

1.5

人工智能的技术应用

1.5.1 人工智能技术

人工智能（artificial intelligence）简称AI，它是研究开发用于模拟延伸和扩展人的智能的理论、方法、技术以及应用系统的一门新的技术科学，也是计算机科学的一个分支。在制造业中，人工智能可以简单理解为将人的知识、经验与机器的存储、计算能力相融合，共同解决生产中的实际问题。目前，我国制造业转型升级加速，传统制造业的生产设计模式运作已经无法满足现代科技的发展需求，在大规模数字化商业转型的推动下，制造业正在进入一个新的阶段。人工智能的应用正在改变人类劳动力在实际工作场所中的角色，它将给制造业中复杂的工艺和流程带来效率和简洁性。企业应意识到智能制造是一个长期的战略，必须将人工智能技术作为企业长期的发展战略，制定人工智能发展规划，确立目标、方向、内容、实施计划，让AI融入制造业全生命周期。

5G无线网络可以比作是智慧工厂的"中枢神经"，人工智能技术也可以算是"触手"。人工智能技术作为继物联网之后最具颠覆性的技术，为制造业的新一轮变革提供了契机。将人工智能技术引入自动化生产线技术中，使自动化生产线系统具有专家的知识、经验和推理决策能力，能帮助工程技术人员摆脱大量烦琐的重复性劳动，使设计、制造过程更快捷、更简便、更安全，使自动化生产线系统更实用、更高效。

1.5.2　人工智能技术在智能生产线的应用

（1）智能视觉检测及匹配

在深度神经网络发展起来之前，机器视觉已经应用在工业自动化系统中了，如缺陷检测、智能分拣、尺寸检测、智能视觉引导、图像智能识别等。其中，将近80%的工业视觉系统用于缺陷检测。

（2）大数据逻辑分析及预测判断

通过传感器、物联网对设备的各项参数如温度、转速、能耗情况、生产力状况等进行实时收集、传输及存储。接下来，就需要人工智能对数据信息进行分析，不仅可以对生产工艺参数进行优化，节约能耗与物耗，提高良品率，还能够实时监控设备的健康状况，及时预警故障，实施保养和维护，减少宕机损失。通过动态调整生产计划，将设备故障带来的经济损失降到最低，同时提供降低能耗的措施。对不同数据源、生产设备以及管理系统进行集成和分析将成为未来制造企业进行决策的标准配置。

借助人工智能技术通过整合分析销售、售后、用户评价、潜在用户对广告投放的响应以及用户实时使用等数据，可以判断用户偏好、发现潜在需求、精准预测销售趋势，更好地指导产品设计和排产，还可以快速构建产品原型、动态分配资源，大幅缩短产品上市时间并降低研发成本。例如在制造企业最关注的产品数、订单数、订单交期满足率和产能合理利用率四个指标上，人工智能算法相比人工排产均有明显提升，排产耗时也大幅减少，从原来的每天6小时缩短到1.5分钟，生产效率也获得了16%的提升。而且随着数据的积累和模型的训练，智能排产模型的能力还会进一步提高。

（3）机器故障的自我检测及调整

智能设备的高级阶段就是通过人工智能技术进行自我诊断、自我检测，提前发现问题并发出维护信号，还能够根据历史维护的记录或者维护标准，告诉我们如何解决故障，甚至让机器自己解决问题、自我恢复。

总之，当前全球制造业正在加快迈向智能化时代，人工智能技术对制造业的影响越来越大，将使制造业产生深刻变革。积极拓展"智能+"，为制造业转型升级赋能，是智能化时代推动制造业高质量发展的必然选择。

1.6
AGV小车的技术应用

1.6.1　AGV小车技术

AGV（automated guided vehicle）即"自动导引运输车"，通常也称为AGV小车，如图1-8。它装备有电磁或光学等自动导引装置，能够沿设定的导引路径

(1) 板式AGV　　(2) 剪刀叉举升式AGV　　(3) 托盘举升式AGV　　(4) 整体举升式AGV

(5) 单层输送式AGV　　(6) 单层举升输送式AGV　　(7) 单层多维输送式AGV　　(8) 多层输送式AGV

(9) 叉举式AGV　　(10) 卷料叉举式AGV　　(11) 叉车式AGV　　(12) 叉车AGV

图1-8　AGV小车

行驶，具有无人驾驶及各种移栽的功能。其具有以下特点：

（1）自动化程度高

① 当生产线上某一环节需要辅料时，智能设备或工作人员向计算机终端输入相关信息，计算机终端再将信息传递到中央控制系统，然后通过无线电信号向AGV小车发出指令，使其按规定路径将辅料送达相应的地点。

② 当AGV小车达到设定的电量最低值时，会向中央控制系统发出请求充电指令，经过系统识别安排后，AGV小车自动行驶到充电位置"排队"充电。

③ AGV小车可以便捷地与其他物流系统实现自动连接，如AS/RS、各种缓冲站台、输送机、机器人等，实现在工作站台之间对物料的跟踪；按计划输送物料，提供实时的执行检查记录；与生产线和库存管理系统进行在线连接，以向工厂管理系统提供信息。

（2）安全更可靠，工作效率高

① 以往物流搬运工具以传统叉车为主，但是由于人为因素的影响，出现意外事故的概率较大，安全性不高。而AGV机器人车身装有各种安全装置，例如：急停按钮、避障雷达、防撞触边等，为工人、物料、作业环境提供了安全保障。

② AGV小车在整个搬运过程中属于无人化操作，具有快速、稳定、可靠的特点，可以24h连续不间断工作，不仅降低了人工成本，还极大地提高了工作效率。

（3）柔性化好，灵活度高，易于管控

AGV小车作为移动平台，可以自由独立分开作业，也可以有序地组合衔接。其体积小，灵活度高，统一由中控台管理，行驶路径可以根据仓储货位要求、生产工艺流程等的改变而灵活改变，并且运行路径改变的费用与传统的输送带和刚性的传送线相比非常低廉，可适用于多种工作场景。AGV小车在制造业的生产线中大显身手，高效、准确、灵活地完成物料的搬运任务。并且可由多台AGV组成柔性的物流搬运系统，搬运路线可以随着生产工艺流程的调整而及时调整，使一条生产线上能够制造出十几种产品，大大提高了生产的柔性和企业的竞争力。由于AGV小车的应用场景不同，其功能、形态、种类也各种各样，根据特点和结构可分为几大类，见图1-9。

1.6.2 AGV小车的技术应用

生产线上的物料传递速度会影响生产节拍，决定了生产效率。它的准确性、及时性、定位精度、周转率至关重要。大中型物料的传输，常规的人力搬运已经无法满足要求。小型物料虽然体积和重量稍微降低了，其人力传输过程在转运速度、智能程度、可控性、配合度等方面较差。而AGV小车可对物料自动计算最

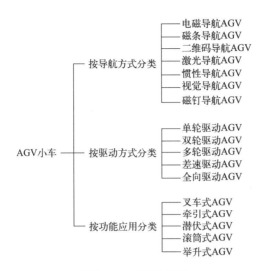

图1-9　AGV的分类

短路线运输、匹配生产节拍配货、智能定位存放，大幅降低无效周转量，提高生产效率；同时，过程信息流均传输到上位机，进行自动纠错，降低差错率。

　　在智能生产线上的智能仓储环节中物料出入库、生产装配环节中的物料传递过程如图1-10所示。所有AGV均由总控系统发放任务，后台有序分工、自动协同，整个车间的装配工位、上下线工位、返回位置实时展示在电子看板上，实现了全程任务可视化管理。通过看板，不仅可视化展示整个生产线的设备运行信息和状况，控制系统还具备流程线设备故障自诊断、维护保养自动提示等功能。组

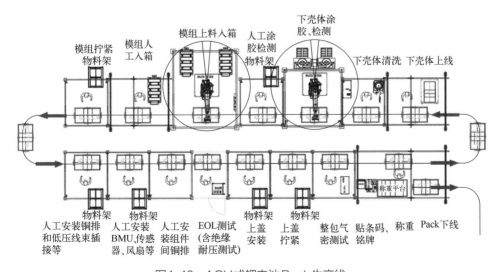

图1-10　AGV式锂电池Pack生产线

装生产线控制系统可以控制上车生产线（AGV、升降机构）、下车生产线（转运AGV）、履带总成和合车板链线，使整个生产线按照节拍自动运行，生产节拍可人工设置，调整控制系统以接收来自工厂MES的排产指令，MES系统下发当前工位的叫料请求到AGV调度系统。AGV小车的移动指令、移动位置、移动过程由AGV调度系统控制，AGV小车移动到位后，由AGV调度系统反馈到位信号到MES。

1.6.3　AGV小车对生产现场的要求

（1）网络的需求

① 现场硬件的要求。

a. 半年对AP线路、AP外观、天线外观进行检查，以免发生断路或者腐蚀情况。

b. 天线角度对应墙面应保持均为45°角或者单根90°摆放并定期检查。

c. 现场小车后续增加后，根据时间节点配合进行信号监测并增设AP。

d. 以下特殊情况需及时检测并将数据上报并酌情增设AP：厂区内设备发生大范围移动造成信号遮挡或屏蔽；总装线车体生产数量增多导致屏蔽AGV轨道，降低通信质量；当发生AGV车辆无法接收信号，或者无法漫游的情况下。

② 现场信号强度（RSSI）要求。

a. 对现场小车运行轨道信号覆盖强度按照以下标准定期进行检测，建议周期为1~2个月：

所覆盖主要通道的网络最弱信号要求为-60dBm，安装方式为离地3m顶挂/壁挂；AGV在现场完成漫游耗时能在200ms以内，不可超过500ms；连接AGV使用的无线网络，ping1500大包平均延迟不大于100ms，无明显丢包；系统采用单独的无线信道，与其余系统所采用信道隔离。

b. 定期监测AP信号强度波动（如能借助AP自带图形化软件效果更佳），判定信号强度、丢包率以及障碍物等因素。

c. 对现场设施、设备有较大变化时，可借助Fresnel（菲涅耳）计算器准确计算出两个无线设备间的菲涅耳覆盖区域，以预防可能阻碍无线设备之间通信的障碍对象，以帮助用户进行天线的位置、高度及角度计算，方便工程师对天线进行相应的调整。

（2）地面要求

① 平整度要求。连续两个1m间隔测得的高度差绝对值小于4mm。

② 水平度要求。间距2m的相邻固定点之间的高度差（不是对角线）小于5mm。

③ 地面材质要求。金刚砂地面或者水泥硬化地面，要求耐磨、无静电、摩擦不起灰。尽量不要使用环氧自流平（环氧自流平表面张力和耐磨性较差，长期运行后，地坪表面容易留轮印甚至破损），如果采用环氧自流平，需要做防静电处理。地面禁止打蜡，要求地面与聚氨酯轮子的静摩擦系数应不低于0.55（一般未打蜡地面都可达到该值）。

④ 其他要求。地面不能出现明显的坑洼、凹凸部分，不能有残留钢钉、膨胀螺钉等物品。

1.7
智能传感器的技术应用

1.7.1 智能传感器技术

随着智能制造的逐渐深入，智能传感器将成为未来智能系统和物联网的核心部件，是一切数据采集的入口以及智能感知外界的前端，是实现工业自动检测和控制的首要环节，是物联网、智能工业、智能设备上的"触手"和"眼睛"。随着人工智能技术不断地发展和成熟，其重要性将日益凸显。智能传感器（如图1-11）拥有图像、接触式、激光、超声波及红外温度传感器等大范围的检

测传感器，可支持各种应用，可解决从简单识别到困难检测等各种课题。它是生产制造领域中不可或缺的一种器件，是连接机械系统和控制系统的纽带，机械系统通过智能传感器将运动参数以及运行状态反馈给控制系统，控制系统通过智能传感器反馈的信号和数据发出指令驱动机械系统。

图1-11 智能传感器

智能传感器是集成了传感器、制动器与电子电路的智能器件，或是集成了传感元件和微处理器，并具有监测与处理功能的器件。主要由传感元件、信号调理电路、控制器（或处理器）组成，最主要的特征是输出数字信号，便于后续计算处理。智能传感器的功能包括信号感知、信号处理、数据验证和解释、信号传输和转换等，具有数据采集、转换、分析甚至决策功能。智能传感器的特点是精度高、分辨率高、可靠性高、自适应性高、性价比高。智能传感器通过数字处理获得高信噪比，保证了高精度；通过数据融合、神经网络技术，保证在多参数状态下具有对特定参数的测量分辨能力；通过

自动补偿来消除工作条件与环境变化引起的系统特性漂移，同时优化传输速度，让系统工作在最优的低功耗状态，以提高其可靠性；通过软件进行数学处理，使智能传感器具有判断、分析和处理的功能，系统的自适应性高；可采用能大规模生产的集成电路工艺和MEMS工艺，性价比高。

目前，传感器经历了三个发展阶段：1969年之前属于第一阶段，主要表现为结构型传感器；1969年之后的20年属于第二阶段，主要表现为固态传感器；1990年到现在属于第三阶段，主要表现为智能传感器。按功能，智能传感器分为光电、热敏、气敏、力敏、磁敏、声敏、湿敏等不同类别；按制造技术，智能传感器可分为微机电系统（MEMS）、互补金属氧化物半导体（CMOS）、光谱学三大类。工业自动化设备中常用的传感器大约有以下几种：磁性开关、接近开关、光电开关、光纤传感器、光栅、位移传感器、压力传感器、电热偶、激光传感器、编码器、光栅尺等。根据其输出型号类型的不同，传感器大致可以分为三种：开关量输出型、模拟量输出型和数字量输出型。开关量输出的三线制传感器通常有两种输出方式：NPN和PNP，即低电平输出和高电平输出。

1.7.2　智能传感器的技术应用

利用智能传感器优化制造机械的性能。将这项技术应用到机器上，可以将机器变为智能设备，能够连接到整个价值链上的智能网络。智能传感器可以改善制造工厂的运营，提高生产效率，为制造商提供革新工厂的机会。传感器相当于人体的各种感觉器官，设备控制系统需要通过它来确定机构的位置、产品的有无以及产品的精度等重要参数，以监测和控制设备的使用状态和产品的生产过程。

（1）以数据为支撑的洞察力来监测、控制和改善运营情况

智能传感器通过连接不同的设备和系统产生数据，使不同的机器能够相互对话。这样就能在整个工厂建立无缝连接，让制造商能够监控设备和系统性能，汇总所有生成的数据，以及对数据集进行基准、比较和分析。

（2）预测设备故障，并触发维护协议

智能传感器使制造商能够通过减少不必要的计划性维护、部件更换成本和潜在的业务停机时间来降低其更换资产价值（RAV）。智能技术使制造商更容易从计划性维护过渡到预测性维护。若数据监测模式有报警异动，则需要对设备进行维修。智能传感器可以使用这些数据向用户发出警报，通知潜在的问题，以便在它们成为故障点之前加以预防。

（3）自动记录数据，用于历史记录和监管合规性

在制造设备或仓库系统中安装智能传感器可以提高效率和准确性。传感器会自动记录能耗、温度、湿度、运行时间、维护和生产线输出等数据。

（4）加快信息流和对市场状况的反应速度

智能传感器为制造商提供了快速采集数据的机会，对流程进行实时改变，从而提高产量。传感器产生的数据可以提高工厂的透明度，并提供整个工厂的峰值和流量的可视化表示。通过对客户需求的洞察，制造商可以更快速地响应，更容易地扩大业务规模，确保生产效率始终能带来盈利。

1.8

RFID射频识别的技术应用

1.8.1　RFID射频识别技术

要实现生产过程的自动化、网络化、数字化、信息化、智能化，各个工艺环节的信息收集和传输尤为重要。信息数据的全面性、可靠性、及时性有利于管理者掌握产品具体的生产情况，并及时调配生产资源。实时统计每个组、每个工位、工序的生产进度，提高了生产线的透明度，便于动态化管理，不仅提高生产效率，还减少人工投入，保证生产线的状态稳定。工业制造环境复杂多样，对物料、在制品、执行设备、工装夹具、生产工具等多源环节的数据实时收集，可以为生产与运作控制提供基础性数据。对于混线生产，每个物料和产品的特有属性都需要加以甄别、分类并生成必要的图表，信息如果出现不对称，将会造成不必要的损失。

以上问题的解决需要通过RFID射频识别技术来完成。RFID射频识别技术作为物联网感知层的重要核心组成部分，非接触式无感知地来实现智能化识别采集数据。物联网技术通过电子标签让不同的设备可以互联，可以实现生产过程控制中智能化管控，助力智能制造生产可视化管理。相对于条码、磁卡、IC卡等技术，RFID射频识别技术的应用优势是可以实现批量处理、远距离非接触读写、数据容量大、可重复使用、对污染不敏感、适应各种复杂的工况。

RFID射频识别技术可称为RFID技术，主要由RFID电子标签、RFID固定式读写器、RFID天线、RFID手持设备及RFID线缆组成，如图1-12。电子标签是RFID的数据载体，可以存储对象目标的各类相关数据，读写器是电子标签的信息读取装置。通过RFID读写器与RFID电子标签之间的电子耦合，实现能量的传递和数据的交换，读取的数据信息经过解码，送至应用软件系统，进行数据处理，实现批量管理数据，结合生产线信息技术、光电技术等，实时反馈生产线信息。RFID技术不只是条码技术的简单替换，RFID技术可无线远距离读写，穿透性强，可在高速移动的状态下采集，存储数据信息更大，可在恶劣的环境使用。在生产线工位上加装RFID读写器，产品或者托盘加装RFID读写器，当带有RFID标签的目标经过时，RFID读写器将读取产品上的RFID电子标签信息，并将数据上传到系统上位机，产品的完成情况及各个工位的运转情况会实时化、信息化地反馈到信息管理平台。

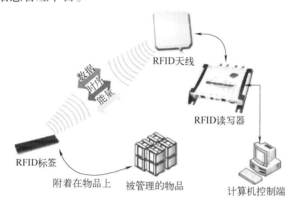

图1-12　RFID射频识别技术组成

制造业是RFID的重要应用领域之一，主要用于生产过程中的生产数据实时监控、质量追踪、自动化生产、个性化生产、仓储管理、物流管理等环节。尤其在高度自动化、柔性化的生产线，RFID发挥着巨大作用，借助RFID生产人员能够掌握生产物料从原料采购到产品发售过程中的所有信息，起到标识识别、物品追踪、信息采集的重要作用，因此成为了智能生产线的标配，广泛用于仓储、物流、生产制造、质检等环节，是生产过程中物料独一无二的身份证明。同时RFID系统可以与MES系统、ERP、CRM、SCM等信息系统相连接，构建强大信息链，生产数据实时更新、实时有效、实时共享，从而大大提升企业生产力与资产利用率。

1.8.2　RFID射频识别技术的技术应用

（1）仓储物流环节

物料、半成品和成品在进行仓储物流的过程中，RFID射频识别技术的应用可以实现数字化和信息化的管理。采购的物料在送入产线前，会被贴上唯一的身份信息电子标签。这相当于给物料了一张通行证。物料在进出立体库的时候，所有的信息档案记录会被录入物料信息仓储管理系统，随着物料的转移，会实时更新信息。根据物料的通行证信息，物料会被自动送入立体库系统指定的专属位置，实现"一个萝卜一个坑"的目标和要求，避免混料和漏料。人工或AGV小车将物料送到指定工位，生产人员根据后台数据实时掌握货物位置和库存情况，以便高效管理仓储物流单元，并做到及时备货，准确出入库，这对于提高仓储效率、指导生产有着积极意义。

（2）生产装配制造环节

物料进入生产装配制造环节后，RFID技术实现了对物料的信息采集和生产状态的跟踪。首先对来料的信息进行身份信息的确认，确保符合系统的定义属性。无误后，进入各个生产工序。在此之前，物料的电子标签内已经被写入了详细的工艺流程，并按工位依次排序。当物料在流转时，工业机器人或者移动模组根据不同的工业信息，自动执行相应的加工装配操作，满足了柔性化的生产需求。RFID会实时向后台系统反馈数据信息，更新制造进度，报告物料的位置，以便生产人员及时掌握物料的流向及生产状况并根据情况调整生产安排，更好地把握生产情况，快速寻找生产瓶颈，提升生产力水平。

（3）质量检验环节

经过生产装配制造环节后，物料进入质量检验程序。RFID技术实现了质量数据的采集，满足了产品信息的追溯，产品经过各项检测后，质检结果会被写入电子标签，由此避免了人工采集失误造成的损失。产品一旦出现问题，制造商可以通过电子标签快速获取产品的生产日期、批次、原料来源、检测报告、每个环节的生产情况，精准追溯问题源头，为后期工艺改进提供依据。此外RFID还能实现对整条生产线工作状态的实时监测。举例来说，生产线的各个工位均安装有RFID读写器，正常情况下，物料进入某个工位的停留时间是一定的，若产品经过读写器以后，未在一定的时间范围内通过读写器，说明工作线状态出现超时问题。同样在相同时间段内，通过两读写器的产品数量也是一定的，若经过读写器1和读写器2的产品数量不一致，则表示生产线出现了压货的异常。RFID的出现弥补了传统条码生产线的不易识别、扫描效率低下等先天不足，同时又具备远距离读取、可读写性、高存储量、寿命长等优势。满足了现代制造业对生产信息准确性与及时性的需求。实时掌握物料加工状态与确切位置，实现产品质量可追溯，这在很大程度上提升了智能化水平。

Chapter 2

—

第2章

—

智能生产线的布局

仓储来料（原材料或者半成品）、组装或加工、焊接或铆压、视觉检测、包装或码垛、搬运入库或运输等，这些独立的作业单元按照一定的工艺路线排列组合，再通过各项先进软硬件技术的支撑，最后可形成一个封闭的生产系统。它犹如链条一般，环环相扣，张弛有度，组织高效又严密。这种生产装配过程以一定的节拍（速度）无线循环，好似行云流水一般，我们可以将其称之为生产线（assembly line），有时也被称为制造生产线。生产线是按对象原则组织起来，完成产品工艺过程的一种生产组织形式。随着产品制造精度、质量稳定性和生产柔性化的要求不断提高，制造生产线正在向着自动化、数字化和智能化的方向发展。生产线的自动化是通过机器代替人参与劳动过程来实现的；生产线的数字化主要解决制造数据的精确表达和数字量传递，实现生产过程的精确控制和流程的可追溯；生产线的智能化是使机器代替或辅助人类进行生产决策，实现生产过程的预测、自主控制和优化。

2.1

生产线的发展历程

生产线的产生，使得工人们开始分工协作，每个人只需重复自己的那道工序，提高了生产效率。工人间的分工更为精细，产品的质量和产量大幅度提高，极大促进了生产工艺过程和产品的标准化。有效解决了生产资料、技术、组织和生产过程结合起来的组织问题。生产线的发展按时间顺序，大概经过了三个阶段，分为传统生产线（包括流水线）、自动化生产线和智能生产线。这三个阶段代表着生产制造加快向着高度智能化、高度集成化、高度柔性化的方向发展。

（1）传统生产线

生产线概念出现之前，都是由技艺精湛的人力来主导整个生产过程。工人从第一个工序开始工作直到工作结束。这种劳动方式对工人的技能有很高的要求，不仅生产效率低，而且工艺工序杂乱无章，产品质量的一致性无法得到有效保障。1769年，英国人乔塞亚·韦奇伍德开办埃特鲁利亚陶瓷工厂，在场内实行精细的劳动分工，他把原来一个人从头到尾完成的制陶流程分成几十道专门工序，分别由专人完成。这样的生产模式，使原来意义上的"制陶工"就不复存在了，存在的只是挖泥工、运泥工、拌土工、制坯工等。制陶工匠变成了制陶工厂的工人，他们必须按固定的工作节奏劳动，服从统一的劳动管理。这种生产模式是生产线的雏形，其特点是依靠大量的劳动力进行手工艺产品的制作。

经过漫长的时间沉淀，1785年瓦特改良蒸汽机，人类开始进入了使用机器的时代。其借助于离心调速装置而使其本身的转速保持稳定。这种离心调速装置就是世界上最早的自动化机器，但是机器的出现只是作为生产线作业中的一环，主要还是采用人工手动控制。1908年福特汽车公司创始人亨利·福特为了使汽车大众化，而进行增产扩能、降低成本的改革。为了提高工人的劳工效率，福特反复试验，确定了一条装配线上所需要的工人，以及每道工序之间的距离。他率先采用汽车专用传送带生产线，促进了现代生产线生产的发展，所以现代生产线起源于1914~1920年的福特。在福特工厂内，专业化分工非常精细，他将整体工作划分成一系列标准化的分段作业，每个分段都固定由一个作业人员负责，待加工产品通过传送带输送到作业员面前进行组装或检测。汽车底盘在传送带上以一定速度从一端向另一端前行。在前行的过程中，再逐步装上发动机、操控系统、车厢、转向盘、仪表、车灯、车窗玻璃、车轮，一辆完整的车组装成了。生产线使每辆T型汽车的组装时间大大缩短，生产效率大幅提高。这种生产线代表着当时最为先进的生产线布局方式，它的优点是组装速度快，产出比高，便于作业人员在短时间内达到工作要求，其缺点是作业人员需要长时间重复单一的动作，根据作业员个人能力，其劳动效率有高有低，受到木桶效应的影响，会导致生产线平衡性差。如图2-1为传统手工生产线，主要应用于早期劳动密集型的产业，如电子电器、玩具、制鞋和服装等行业。

图2-1 传统手工生产线

（2）自动化生产线

1969年，美国数字设备公司研制出了第一台可编程逻辑控制器PDP-14，在美国通用汽车公司的生产线上试用成功，首次将程序化的手段应用于电气控制，这是第一代可编程逻辑控制器，称programmable logic controller，简称PLC，是世界上公认的第一台PLC。可编程逻辑机械控制代替了人工的手动控制，这极大解放了人的体力和脑力劳动。

面对电子信息技术、航空航天、高精尖精密仪器的高速发展，以及复杂的生产环境、苛刻的生产工艺、高强度的工作时长，人工操作既不能保证工作的一致性和稳定性，又不具备准备判断、灵巧操作、并赋以较大作用力的特性。传统的人力劳作已经不能与当前的社会经济条件相适应。尤其是劳动密集型产业需要解放人力资源，让机器来代替或完全取代一部分人工，从而提高生产效率，降低成本，保证产品质量。人机协作共同完成生产劳动，成为了新的趋势。

自动化线的演变过程：单一产品生产线—可变生产线—混合生产线—成组生产线—半自动化线—自动化线。由于有了机器的参与，半自动化和全自动化的生产线也如雨后春笋在各行业遍地开花。自动化生产线的应用十分广泛，例如在机械制造业中有铸造、锻造、冲压、热处理、焊接、切削加工和机械装配等生产线自动化应用，也有包括不同性质的工序，如毛坯制造、加工、装配、检验和包装等综合生产线自动化应用。切削加工生产线自动化应用在机械制造业中发展最快、应用最广，主要有：用于加工箱体、壳体、杂类等零件的组合机床自动化生产线；用于加工轴类、盘环类等零件的，由通用、专门化或专用自动机床组成的旋转体加工自动化生产线；用于加工工序简单的小型零件的转子自动化生产线等。

自动化生产线是在自动化专机不断完善的基础上发展起来的。自动化专机是单台的自动化设备，只能完成产品生产过程中的单一的某项工序，功能有限。在完成好某道工序后，已完成的半成品又需要采用人工方式传递给其他专机设备以继续下一道的生产工序。完成整个生产需要一系列不同功能的专机和人工参与，这样既降低了场地利用率，又增加了生产员工和设备，无形中也增加了生产成本，不利于产品效率和质量的提高。若将产品生产所需要的一系列不同的自动化专机按照生产工序的先后次序排列，则通过自动化输送系统可将全部专机连接起来，即可省去专机之间的人工参与过程。产品生产的流程是由一台专机完成相应工序操作后，经过输送系统将已完成的半成品及生产过程信息自动传送到下一台专机继续进行新的工序操作，直到完成全部的工序为止。这样不仅减少了整个生产过程所需要的人力、物力，而且大大缩短了生产周期，提高了生产效率，降低了生产成本，保证了产品质量。

自动化技术的出现实现了生产的柔性和可变性，使机器设备在没有人工或较少人工的直接参与下，通过可编程控制系统按照人的要求，经过自动检测、信息处理、分析判断、操纵控制，实现预期的生产目标。采用自动化技术不仅可以把人从繁重的体力劳动、部分脑力劳动以及恶劣、危险的工作环境中解放出来，而且能扩展人的劳动范围，极大地提高劳动生产率，增强人类认识世界和改造世界的能力。自动化生产线就是采用自动化技术，通过控制系统、输送链、制造单元等组成部分使机器设备按照一定的节拍运转，保证生产过程高度连续，不仅生产过程稳定可靠，而且产品质量有一定的保障，如图2-2。但是自动化生产线无法实现生产数据互联、大生产网络的闭环控制、海量数据分析等功能，所以常常处理结构化数据，按照已经制订的程序工作，无法进行自我控制和管理。

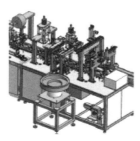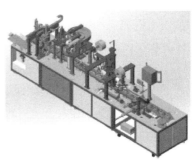

图2-2　自动化生产线

（3）智能生产线

工业大数据技术、工业互联网与物联网、智能传感器、智能物流、智能机器人等新技术、新设备的出现，促使制造业加快转型升级。产业升级和结构性的调整，必将带来革命性的发展。传统的制造企业的生产流程中，大部分生产模式以单件生产模式为主，为了实现高质量发展、避免生产线上的浪费，智能生产线应运而生。智能生产线是在自动化生产线的基础上，加入新技术和新工艺集成而来，最终实现人机共融、柔性化的智能生产模式，如图2-3所示。在加工制造环节全面上线——自动化生产线与各种智能检测、感应和搬运设备互通互联，对数百个大数据采集点和传感器所收集的数据无缝传输。将人工智能技术引入自动化生产线技术中，使自动化生产线系统具有专家的知识、经验和推理决策能力，能够自主学习并获取新的知识，并使其有智能化的触觉、视觉、听觉、语言的处理能力，能够模拟工程领域的专家进行推理、联想、判断和决策，从而达到设计、制造自动化的目的。智能化能帮助工程技术人员摆脱大量烦琐的重复性劳动，使设计、制造过程更快捷、更简便、更安全，使自动化生产线系统更实用、更高效。所谓智能化，是指机械自动化技术在相关技术的革新和推动下，将进一步向着模拟人脑思维和人类生产的方向发展，实现经济效益和社会效益相统一。智能化是机械制造以及自动化发展的主要趋势，机械制造企业的需求和客观条件是现代自动化技术在机械制造方面发展的主要依据，而自动化技术也是机械制造企业实现经济效益的主要技术手段。所以，随着技术的不断更新和进步，智能化理念越来越受到重视，而且智能化技术可以通过人工智能模拟，使机械制造控制系统和控制中心通过心理学、生理学和运筹学知识进行智能化改造。这些自动控制系统对信息进行分析判断，最终实现生产过程。这个过程取代了人脑判断和操作，而且决策速度更快，精准性更高，对于机械制造来说不仅提高了工作效率，而且对于提高产品的质量稳定性也非常有利。

图2-3　智能生产线

2.2

智能生产线的特征与基本要求

　　智能生产线依托工业互联网和物联网、人工智能等技术，具有网络化、数字化、信息化、智能化的特点。人、机器和产品的互联是提高灵活性、加速流程和掌握产品多样性的核心工具。通过前后工序的信息准备，智能生产线能够实现直观的操作引导，从而使人始终处在增值流程的核心地位。相比自动化生产线，智能流水线以闭环的管理模式、先进的信息化技术手段为依托，统筹规划如仓储、物流、搬运、工艺、生产以及成品转运等流程，进行自动化与信息化的深度融合。

2.2.1　智能生产线的特征

　　智能生产线的开发设计融合了多种高科技元素，借助AI人工智能、云数据处理平台、5G技术、视觉技术、高度智能化的机器人以及一些仿生手臂的运用，来实现管理的高效率、生产的高协同性、未来的可扩展性。智能排产、支持智能化生产的决策规则的定义、决策依据的准确实时采集是智能化生产线正常运行的基础。基于生产线资源占用情况、生产计划的执行反馈情况以及生产计划调整而进行的动态化生产调度排产是保证生产线正常运行的前提。智能生产线的运行具有柔性化、智能管控、产品信息可追溯性、实时数据采集分析等特点，打通了信息孤岛，使信息的传递变得更加方便快捷。智能生产线支持多种相似产品的混线生产和装配，灵活调整工艺，适应小批量、多品种的生产模式。在生产和装配的过程中，能够通过传感器或 RFID 自动进行数据采集。生产单元通过总线各分布控制系统，将信息上传到中央控制器。中央控制器与服务器之间的信息交换，实现了生产测试数据备份、生产数据邮件通知、生产装箱产品 ID 管理、ERP 系统数据对接、生产信息实时监控等；这样便可以使生产线物料、人员、设备、工具的集成运行与信息流、物流融合，最终实现车间级信息系统、企业级信息系统的信息交互与集成。

总控集成的方式利于智能排产、物料工具的自动配送、制造指令的即时推送、制造过程数据的实时采集处理分析处理，电子看板不仅能显示实时的生产状态，还能对产品进行全生命周期的追溯。

综上所述，智能生产线具有连续高效性、平衡性、单纯单向性、主导性、专业化程度高等特点。与传统生产线相比，智能生产线的特点主要体现在感知、互联和智能三个方面。感知指对生产过程中的各种不同类型数据的感知和采集，并进行实时监控；互联指生产线所涉及的产品、工具、设备、人员互联互通，实现数据的整合与交换；智能指在大数据和人工智能的支持下，实现制造全流程的状态预知和优化。

2.2.2 智能生产线开发的基本要求

汽车、3C 电子、家电制造、食品包装、医疗、新能源、日化等行业的企业对智能生产线的需求十分旺盛。但是每个行业的差异化非常明显，这就导致并非所有的工序都适合进行智能生产线的开发。智能生产线的开发需要大量的资金支持和多技术的集成融合，系统性较强。所以前期对智能生产线的开发立项评估需要充分，因地制宜、科学合理地将部分或者大部分生产线实现智能化，在适合的工序上引入智能化的手段，如机器视觉、RFID 等。切不可贪多求全，不然会造成巨大的资金和资源浪费。评估的内容，主要有如下几个方面：

① 生产纲领稳定且年产量大、批量大，零部件的标准化、通用化程度较高。目前智能生产线基本上属于专属设备，生产纲领的变化，会导致原有生产线报废或进行改造。即使改造后能加以使用，也会造成设备费用增加，耽误时间，在技术上和经济上都不合理。年产量大、批量大，有利于提高自动装配设备的负荷率，零部件的标准化、通用化程度高，可以缩短设计、制造周期，降低生产成本，有可能获得较高的技术经济效果。

② 产品具有良好的自动装配工艺。尽量要做到结构简单，装配零件少，装

配基准面和主要配合面形状规则，定位精度易于保证，运动副应易于分选，便于达到配合精度，主要零件形状规则、对称，易于实现自动定向，等等。

③ 实现自动化和智能化后，经济上合理，生产成本降低。

2.3
智能生产线的发展趋势

智能生产线能够通过物联及监控技术，实时监控柔性生产线的生产状态，根据产品或工艺的变化，将生产线所需的数据及时准确地推送给对应的设备，对生产过程中所需的各种信息收集、处理、反馈，对设备实行控制。生产线工作过程中形成的生产数据信息实时上传到信息系统，储存到信息系统的数据库内，为生产管理提供丰富的生产数据信息。科学技术的发展和社会需求的扩大，特别是高新技术的迅猛发展，推动着智能生产线技术不断进步。其发展趋势主要体现在以下几个方面。

（1）智能生产线稳定性更高，适应性更强

磁悬浮输送线等开发设备的搭接，已不再使用普通螺母；各种功能机器人互相协作，如维修机器人、生产管理机器人、品检机器人等；人与机器可以进行语言沟通；产线的能源供给将会是多种多样的，如太阳能、生物能等。高精度的伺服电机会被更加柔性化的视觉触手代替，仿生结构和人工算法可以更加成熟，人工智能应用更广泛。

（2）智能生产线设计向着特征参数化、多功能方向发展

从本质上看，生产线设计的过程就是一个求解约束满足问题的过程，即由给定的功能、结构、材料及制造等方面的约束描述，经过反复迭代、不断修改设计参数，从而得到满足设计要求的求解过程。也就是说设计中的很大一部分工作是不断地修改参数以满足或优化约束要求。在设计过程中，参数化、变量化生产线系统能够简单地通过尺寸驱动。参数、变量表的修改驱动设计结果按要求变化，为设计者提供快速、直观、准确的反馈，同时能随时对设计对象加以更改，减少设计中的错误及问题。

另外，在智能生产线特征的参数化、变量化设计中，工程技术人员的设计是功能结构特征、加工特征的设计，而不需花太多的精力去关注几何形体的构造过程。这样的设计过程更符合工程技术人员的设计习惯。特征参数化、变量化设计能够极大地提高机械设计效率，是生产线技术发展追求的目标之一。在一些先进的生产线系统中，设计过程所涉及的所有参数（包括几何参数和非几何参数）都可以当作变量，通过建立参数、变量间相互的约束和关系式，增加程序逻辑，驱动设计结果。这些变量间的关系可以跨越自动生产线系统的不同模块，从而实现设计数据的全相关。特征参数化、变量化是实现机械设计自动化的前提和基础。

（3）智能生产线数据信息向着系统化、集成化的方向发展

在企业生产制造的过程中，由于各种条件的限制，产品设计、生产准备、加工制造、生产管理和售后服务等环节存在着信息传递不及时、不全面、不准确等问题，这就导致整个生产系统存在信息真空，无法进行有效的统筹管理。而且智能生产线上的自动化设备大都是独立系统，其产品的表示方法和数据结构有很大的差异，各系统之间的信息难以传递和相互转换，信息资源不能共享，常常需要人工转换或共享新数据，严重制约了系统总体性能的有效发挥，降低了系统的可靠性。集成化智能生产线系统以产品的统一数字化模型为基础，统一产品的表达，统一内部数据结构，统一操作界面和软硬件环境，将设计、分析、生产准备、加工制造、管理服务等各个环节有机地联系在一起，最大限度地实现信息资源共享，从而提高信息数据的一致性和可靠性。

（4）智能生产线向着网络化方向发展

通信技术和网络技术的飞速发展，给各独立自动化单元的联网通信、实现资源共享提供了可靠保障。现代机械产品的生产是一个系统工程，需要由多个企业、多个部门和大量工程技术人员跨时间、跨地域并行作业、资源共享、协同工作共同完成。基于网络化的分布式智能生产线系统非常适合这种协同工作方式。随着生产线系统的集成和网络化技术的日趋成熟，生产线技术可以实现资源的优化配置，极大地提高企业的快速响应能力和市场竞争力，"全球化制造"等先进制造模式由此应运而生。

（5）智能生产线向着标准化方向发展

智能生产线技术融合性强，核心零部件有可能进行全球采购，每个产品供应商技术协议遵守原则不同，比如西门子和三菱的PLC编程语言就是独立的，由于技术壁垒和专利保护等原因，暂时无法形成统一的标准。未来的智能生产线技术的标准化可以通过统一原理、统一数据格式、统一数据接口实现，以简化开发和应用工作，为信息集成创造条件。随着生产线系统的集成和网络化，制定生产线的各种设计开发、评测和数据交换标准势在必行。

（6）智能生产线更加柔性化

智能生产线向着高度标准化和模组化设计，每个生产单元不仅仅局限在这个物理位置内，它们还可以组成比如一字线、Y形线、U形线、Z形线甚至是O形线等。按照产品订单模式、场地大小，不同的产品品类随意切换形态，从而满足产品技术要求、确保生产节拍、有效地控制产品精度、实现产品改型换代，做到

高精度、高质量、高可靠性、高效率、高柔性和一致性。

（7）未来智能生产线布局将向岛式布局演变

未来智能生产线会演变为智能岛式生产，因为随着机器人技术更加成熟，制造成本将大大缩减，大量配置智能关节臂、智能机器人、智能设备以取代模组上下料、传送带输送、产品夹持翻转等工序，增强产线的柔性。岛式生产把制造业的所有工艺切成一个个岛，用智能物流的方式把它们衔接起来，由智能机器人完成物料的配送和出入库。如果生产线上有设备出现故障，能够快速调整到其他设备去生产。

2.4
智能生产线的开发流程

智能生产线是智能工厂规划的核心环节，企业需要根据生产线生产的产品族、产能和生产节拍，采用科学合理的方法来合理规划智能生产线。智能生产线的布局与设计有较强的系统性和严谨性，涉及面比较广，需要规范地按照流程进行针对性开发。进行概念设计时，必须搜集各方信息，全面统筹融合各种先进技术和经验。设备的选型和重要技术参数的设定都要通盘考虑。一般来说，智能生产线的线体较长，各工作站的连接、网络通信方式的统一、物料传输的方式、各信息平台的建设，都得耗费一定的时间和精力进行确定。严格的开发流程是确保智能生产线实用性、先进性、智能性的前提。

当明确产线设备用途、使用地点、使用场所、环境温度、相对湿度、产线区域尺寸、地坪承载、电源电压总功率、压缩空气压力等基础信息后，我们接着开始通过自身的经验或者科学的算法对客户提供的设备合格率、稼动率、产能节拍、设备产能要求、设备重量等技术参数进行分析评估，判定能否可以满足各项要求。这一过程非常重要，不能模棱两可和含糊不清，没有数据和成熟案例的指引，我们就要进行深入的研究，如果某个工作站的技术参数无法确定，那么就需要立刻开发样机进行试验，确保结果的真实性和有效性，来对我们前期的设想进行佐证。假如盲目凭借主观臆断进行产线的开发，如果在后期生产过程中无法达到客户的技术要求，那么产线的开发意义将大打折扣。智能生产线的开发流程见图2-4。

透彻地领悟客户的需求和产线技术要求，是生产线前期开发的重要功课。客户的产线需求一般建立在市场需求、投资规模、设备能力和过程能力的基础上。产品的质量和寿命，产线的可靠性、耐久性、可维护性、开发计划、成本目标都

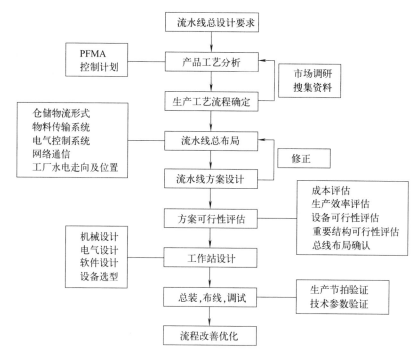

图2-4　智能生产线开发流程

是工程技术人员需要考虑的问题。在此基础上，加深对客户的质量管理体系的了解和认识，包括标识、可追溯性、开发目标、周期要求等。我们要深刻认识前期的准备工作，不仅是梳理流程，更重要的是预见性地发现问题，找到一些无法识别的缺陷，虽然耗时费力，但是其作用是不容置疑的。

2.5
产品结构工艺分析

产品的结构特点决定了加工装配工艺流程的制定，产品结构的复杂性和设计变更直接影响工艺流程的设计，决定了设备结构的难易度，进而影响产线的开发成本。对产品的结构工艺分析研究，提出改进产品结构的意见，可以帮助我们更好地理解产品生产装配过程，评估自动生产装配实现的难易程度，简化生产线的生产过程，反向推动产品的设计优化。结构工艺性是指产品和零件在保证使用性能的前提下，力求能够采用生产率高、劳动量小、材料消耗少和生产成本低的方法制造出来。结构精巧的产品零件，便于实现生产装配过程中的自动定向、自动供料，便于抓取，易于焊接、涂胶、贴膜等，能够极大地简化装配设备，降低生产成本。我们对产品结构工艺分析应从以下几个方面进行。

（1）结构设计有利于自动供料

自动供料就是产品零件上下料、定向、输送、分离、移载等过程的自动化，为了使零件能够自动供料，产品的零件结构一般应符合以下要求：

① 零件的几何形状力求对称、规则，减少复杂型面，便于定向处理。

② 如果零件由于产品本身结构要求不能对称，则应使其不对称程度合理扩大，以便于自动定向，如质量、外形、尺寸等的不对称性。

③ 零件的一端做成圆弧形，这样易于导向。

④ 某些零件自动供料时，必须防止镶嵌在一起，如有通槽的零件，具有相同内外锥度表面时，应使内外锥度不等，防止套入"卡住"。

（2）结构设计有利于零件的自动传送

装配基础件和辅助装配基础件的自动传送，包括给料装置至装配工位以及装配工位之间的传送。其具体要求如下：

① 为易于实现自动传送，零件除具有装配基准面以外，还需考虑装夹基准面，供传送装置的装夹或支撑。

② 零部件的结构应带有加工的面和孔，供传送中定位。

③ 零件外形应简单、规则，尺寸小，重量轻。

（3）结构设计有利于自动装配作业

工件以一定的生产节拍，按照工艺顺序自动地经过各个工位，在不需要工人直接参与的情况下，自行完成预定的工艺过程，最后成为合乎设计要求的制品。如果产品结构过于复杂，将不利于自动化装配。

① 零件的尺寸公差及表面几何特征应保证按完全互换的方法进行装配。

② 零件数量尽可能少，同时减少紧固件的数量。

③ 尽量减少螺纹连接，采用适应自动装配条件的连接方式，如采用粘接、过盈、焊接等。

④ 零件上尽可能采用定位凸缘，以减少自动装配中的测量工作，如将压装配合的光轴用阶梯轴代替等。

⑤ 基础件设计应为自动装配的操作留有足够的位置，例如自动旋入螺钉时，必须为装配工具留有足够的自由空间。

⑥ 零件的材料若为易碎材料，宜用塑料代替。

⑦ 为便于装配，零件装配表面应增加辅助定位面。

⑧ 最大限度地采用标准件和通用件，不仅可以减少机械加工，而且可以加大装配工艺的重复性。

⑨ 避免采用易缠绕或易套在一起的零件结构，不得已时，应设计可靠的定

向隔离装置。

⑩ 产品的结构应能以最简单的运动把零件安装到基准零件上去，最好是使零件沿同一个方向安装到基准件上去，因而在装配时没有必要改变基础件的方向，以减少安装工作量。

⑪ 如果装配时配合的表面不能成功地用作基准，则在这些表面的相对位置必须给出公差，且在此公差条件下基准误差对配合表面的位置影响最小。

2.6
生产工艺流程设计

生产工艺设计是从选择生产工艺流程开始，只有工艺流程确定后，才能提出生产过程中使用的主要设备，并进行设备的选型和计算，确定设备的规格和台数，才能提出与这一生产方法有关的设计参数和技术经济指标。选用先进合理的工艺流程并正确设计对产品质量、生产成本、生产能力、操作条件会产生重要影响。结合生产线所能达到的功能，对工艺流程（如图 2-5）做反复论证、调整或

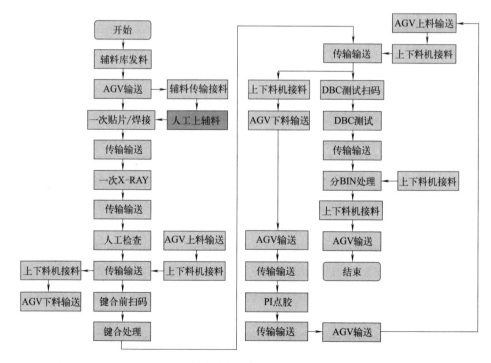

图2-5　某电池模块封装的基本工艺流程

修改，以期达到优化生产线布局的目的。

2.6.1 生产工艺流程设计的原则

① 工艺流程设计首先要能保证产品的质量、产能等各项指标能达到预期的目标。

② 尽量采用先进的、成熟的技术和高效率、低能耗、洁净的设备。

③ 在满足条件的情况下，尽量简化工艺流程并提高生产率，降低生产成本。

④ 生产过程尽量做到连续化、少人化，提高机械化、自动化、网络化、数字化及智能化，以保证产品的质量和产量。

⑤ 充分考虑对废水、废气、废渣以及余热的重复利用、循环使用和综合利用，减少能源的消耗，符合环保要求。

2.6.2 生产工艺流程设计的流程

生产工艺流程的设计通常要经历生产工艺流程示意图、生产工艺流程草图、生产工艺流程图三个阶段的设计来逐步完善。

2.7

智能生产线的布局原则与意义

智能生产线布局即是按照厂房的空间情况设置产线布局，将人、工序与设备结合的过程，简单地说就是生产加工装配系统中单元的选择及单元的排列组合。在完成设备选择后就要结合车间场地、空间结构特点及工艺约束对设备进行合理布局。产线布局应该规划明确的生产加工区、缓存区、物料堆放区等作业单元，解决设备与设备之间的相对位置、通道的横向面积，同时解决物料储运流程及运输方式等问题。

科学合理的智能化生产线布局，不仅能够节省空间、避免资源的浪费，而且可以减少人员的流动，提高生产效率。其布局的形式要根据厂房实际信息，结合各种要素，模拟最优的组合方式后，再进行下一步的实施。前期细致地统筹谋划、多方面多层次地反复推演，可以降低后期改造投入，以达到事半功倍的作用。布局方案应保证布局合理，功能区域划分明确，物流路线通畅无阻，避免交叉运输，统筹整个车间的消防和安全要求。布局方案需充分考虑后续技术发展趋势，为产线及设备升级改造预留空间和接口。

2.7.1 影响智能化生产线布局的因素

制定智能化生产线布局之前，需要对厂地进行实地考察，运用科学的方法收集必要的数据信息，例如土建（地面的承重、水泥厚度）、线路管道的走向、厂地面积、周围环境温度、各区域的划分等。通过对信息进行有效分析和模拟，确定各工站的摆放位置，并要站在整体的角度去考量，注重各工位的整体化、规范化、科学化、合理化。我们需要明确的是，生产线的布局解决的不仅仅是机器设备的摆放问题，也要考虑人的主导作用，充分地利用各种条件，灵活制定出更高效的方案。在实际的生产调整过程中，生产线的布局也会发生一系列的变化，除了尽量增加布局的柔性外，为避免出现较大的纰漏，通常要考虑以下对布局有影响和约束的因素。

（1）生产方式

生产方式的不同，生产规模的差异，对生产线的布局要求也不同。流程型生产方式（又称"连续性生产"）比较适合生产线的设计和布局，离散型生产方式由于受到产品形态、产品种类和生产过程的约束，比较难以控制和管理。所以需要对生产线的布局进行深入的论证。比较典型的行业案例有汽车、医疗器械、航空航天、电子设备等，如图2-6所示。

图2-6　离散型生产

（2）工作站辅助设备

生产线的辅助设备选择是根据产品技术要求和装配工艺方法确定的，正确选择生产线布局的工艺设备和工装，不仅能提高生产效率，降低制造成本，还可使生产线布局工艺合理化。辅助设备一般分为标准机和定制机两类，选择时要考虑产品的生产纲领、产品质量要求、设备的先进性、可靠性和性价比等。而且它自身的外形尺寸、网络接口、对现场环境的要求等问题，都要在前期和设备供应商对接清楚，要做到事无巨细。常用的工作站辅助设备有点胶机、激光打标机、喷码机、风机等，如图2-7所示。

(a) 点胶机　　　　(b) 激光打标机　　　　(c) 喷码机　　　　(d) 风机

图2-7　常用工作站辅助设备

（3）生产物流及运输

对于生产车间内或车间与车间之间的物料流动，我们可以称之为生产物流。物流是通过运输来完成的，它的移动速度是根据生产纲领来定的。物流运行是生产线布局的重要组成部分，也是重要理论依据。在制定生产线布局前期，生产物料的研究和分析也相当重要。物流分析的主要对象是企业生产系统，在现有设备的基础上，合并、更新物流设备，改变物流流程，加速物流周转，以取得最大效益。物流分析侧重于输送设备与输送方式的优化，即搬运分析与库存控制。考虑到产品从原材料到成品所通过的物流路径，应做到两个最小和两个避免（即物流分析中判断正误或合理的两个原则）：经过距离和物流成本最小；避免迂回和避免十字交叉。通过物流分析得到正确合理的生产线布局，不仅能提高生产效率和工作效率，而且能节约物流费用，从而降低产品和服务成本。

（4）仓储及辅助设施

物料中断时，生产线会出现停产待料的情况，因此需要保留一定数量的储备，以保证生产线上的物料流动，这在保持生产和平衡工序能力方面是经济合理的。此外，辅助设备为生产提供维护保养和服务。

（5）生产线布局的灵活多变性

在越来越激烈和复杂的市场竞争下，企业在产品结构、种类、产量方面的变化越来越频繁，这将会影响生产线的布局。随着科学技术的进步、新工艺新设备的采用，生产线的布局也会进行自我迭代。这就要求我们在制定生产线布局时要考虑工厂发展、变化的可能性，生产线布局应具备灵活性、适应性和通用性。

（6）生产厂房结构

生产厂房建设完工后，其可变动性比较小，其消防设施、通风设施、水电线路都已经确立，如图2-8所示。因此在生产线布局时要认真考虑，根据生产厂房结构，因地制宜，满足生产要求。比如线控走线方式，是在地面上走线还是在空中走线，如果需要对生产厂房进行改造，那么就需要考虑开线槽、拉独立电源线等问题。这个过程要尽量减少资源损失，节省成本，注重提高效益。

图2-8　厂房结构

2.7.2　智能化生产线布局原则

智能化生产线的布局要精细，能体现现代化生产管理风格。先进的管理方法结合优良的生产线生产，可以更好地提升产能、控制产品质量；否则，好的产品设计、昂贵的设备和良好的销售都会断送于拙劣的生产线布局。不仅如此，我们更要注重以人为本的重要思想。传统的生产型企业，主要是以人为主要劳动力，在体力上进行价值的输出。当机器换人后，人扮演的角色是通过智慧输出价值，主导并管理机器的生产。这种思维的转变，要深入到生产线的布局制定中。总体来说，智能化生产线的布局要满足以下几个原则：

（1）经济性原则

秉承"实用至上"的思想，生产线的布局空间利用率尽量高，使其达到适当的建筑占地系数（建筑物、构筑物占地面积与场地总面积的比率），使建筑物内部设备的占有空间和单位制品的占有空间较小。在保证生产线布局能达到设计目标的前提下，应尽量降低整个项目的成本，剔除等待、搬运、多余动作、生产过剩等流程浪费，如图2-9所示。最好是可以多设计几套方案，或者通过专用软件进行模拟仿真，用表格和数据的形式对各套方案进行比较，筛选出最优方案。在成本计算的同时不仅要考虑首次投入成本，还要考虑能源消耗以及后期维护成本。

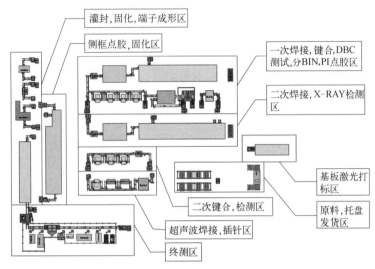

图2-9　生产线布局

（2）人性化原则

生产线的布局要符合人性化的要求，需要保证组织结构的合理化和管理方便，便于员工之间、员工与管理者之间、员工与用户之间的信息沟通。在设施上合理设置照明装置，尽量选择使用噪声小的设备和工具。如果现场空气不流通，还应增加空气交换装置和设备。考虑这些因素，主要旨在为生产人员提供一个方便、安全、舒适的工作环境，使之合乎生理、心理的要求，为提高生产效率和保证工人身心健康创造条件。另外，在工作台高度、工具放置的位置方面要考虑减少或杜绝生产人员弯腰、搬重物等现象。总之，生产线的布局要尽量降低生产人员的疲劳程度。还有重要的一点就是要尽可能充分考虑"防错"，减少人为产生的损失。

（3）合理性与美观性原则

生产线布局符合厂房设计面积，布局美观与合理，可采用直线形结构，通过总控柜对装配节拍进行调整。原材料、半成品、成品物流周转通道及维修通道应确保在同侧，电源或电气控制柜靠墙体或柱体旁排布在操作侧统一放置。

（4）柔性化原则

生产线的布局要考虑柔性化的问题，也就是生产线要达到随时调整自身的结构和功能的水平，从而能够快速改变来适应市场需求的变化，也就是说生产线的布局要对未来变化具有充分应变力。要实现柔性化的生产，不仅要求生产线具备工艺和设备的更新能力、扩大生产能力、及时换产的能力，还在换产的时间上提出了要求，只有在较短的时间内实现换产并完成调试和试生产，才算得上真正满足柔性化生产的要求。

（5）流畅性和可靠性原则

生产线在设计布局时，整体上应尽量减少生产线的"断点"，如图2-9所示；在生产线大物流方面，应坚持一笔画布局原则，减少搬运及中间半成品的堆积，实现一人多机，提高劳动生产率。各工序有机结合，相关联工序集中放置。为保证生产线建立后能够有效运转，还要考虑与生产密切相关的物料放置。如果物料混乱、交叉、重叠，则会影响生产的正常开展。生产线布局时要对物料路线进行模拟和绘制，找出物料路线的最优方案，便于物料的输入和产品、废料等物料运输，尽量避免运输的往返和交叉。生产线的布局一旦固化后，尽量不做改动。

（6）智能化原则

生产线的布局要考虑到智能的因素，根据实际情况采用自动化、工业互联网、云计算、大数据、5G等先进工业技术，并综合运用这些新技术促进生产模式、质量管理模式、物流管理模式等全方位变革，促进效率提升和节能减排。

（7）遵守法律法规的原则

生产线的布局以安全、高效为准则，必须严格遵守国家和地方相关安全环保及节能降耗、设备管理等法律法规。

2.7.3 科学合理的智能化生产线布局的意义

传统的生产加工制造企业在进行大规模工业生产过程中，首先需要做的就是工厂车间布局规划，通过合理的工厂布局可以有效实现生产效率改善，提高车间生产效率。设备决定了企业的生产范围，不同设备取长补短进行搭配选择就十分关键，可以说布局决定了生产效率、柔性程度和未来升级改造的潜力。

① 解决生产系统各个组成部分，包括注塑车间、装配车间、半成品仓库、成品仓库、生产办公室等各种作业单位的相互关系，解决物料流向和流程、车间内部物料运输的连接等问题，同时设计车间作业现场、设备、通道之间的相互位置，设计和优化物料搬运的流程及运输方式，更加充分地满足生产要求，工艺流程也更趋于合理。其次是合理利用场地，适应工厂车间内部运输要求，使线路短捷顺直，也更有利于做好防火、防损、防噪工作，减少环境污染。

② 确定机器设备布置的形式，在满足生产装配工艺流程要求的同时，便于做好车间布置管理工作，确保车间作业环境更加整洁、安全，使车间5S（整理、

整顿、清扫、清洁、素养）工作更加具备改善的条件和基础。

③ 使车间布局更加趋于遵循移动距离最小原则；满足流动性原则，使产品在生产过程中流动顺畅，消除无谓停滞，力求生产流程连续化；满足空间利用原则，生产区域或储存区域的空间都能有效利用起来；满足柔性原则，便于车间以后的扩展和调整；以及符合安全生产原则。

④ 有利于把同类型的设备和人员集中布置在一个地方。当产品品种少、批量大时，可以按照产品的加工工艺过程顺序来配置设备，形成精益流水生产线和简便快捷装配生产线。有利于工人操作方便，使产品以及物料周转路径最短，更有利于生产线之间的自然衔接，也更加有利于车间生产空间的充分合理高效利用。

⑤ 使生产装配更加灵活，实现线上装配，下线即进入成品仓储、发运阶段，可以大大缩短产品加工时间，车间内半成品、物料周转效率提高，半成品仓储数量大大减少，装配准备时间大大缩短，从而大大提高装配生产的柔性和生产的效率。

⑥ 可以大大提高生产现场的物流效率。合理的生产布局能够保证物料顺畅流动，减少无价值的频繁搬运动作和操作人员的无效劳动，保证标准作业，避免制造过多的浪费、步行距离的浪费、手动作业的浪费，提高现场的管理透明度。其次，车间内物料流动更加顺畅，一头一尾存货，中间均衡快速流动；前端生产和后端装配更加靠拢，基本实现无缝对接；更有利于仓库做好先进先出、物料的快速流动，也能够避免仓储物流和人工的浪费。

⑦ 使生产信息透明流畅。生产数据可视化，便于批量区分；做好信息流动，让生产指示明确，便于信息传递，也更加有利于保证质量。

2.8

智能生产线的布局方法与流程

智能生产线的建设，是一项庞大的系统性工程。其布局规划是重中之重，只有不断对设计图进行优化修改，经过多次迭代修正，才能最终确定产线布局，这种优化会贯穿整个调研、设计、实施的过程，如图2-10所示。

生产线的布局设计目标如下：

① 应满足工艺流程设计的要求，并有助于最大限度提高生产率，尽量减少迂回、停顿和搬运。

② 保持灵活性，具有适应变化和满足未来生产需求的能力。

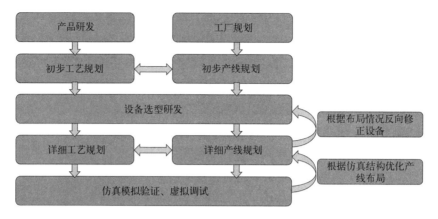

图2-10 智能生产布局规划

③ 有效地利用人力和占地面积。

④ 有利于员工的健康和安全，便于员工相互沟通。

⑤ 为设施管理和维护保养提供方便。

⑥ 消除无附加值的工序，创建有价值的单件流。

2.8.1 智能生产线布局设计方法

智能生产线布局设计，从广义上是指根据企业的生产经营方式和生产纲领等要求，按照原料的接收、零部件和成品的制造装配、检测、包装、搬运、仓储的生产全过程，以合理的布局方案将生产线上所使用的智能设备、物料运输设备、自动上下料设备、工业机器人等设备布局在一个有限空间的车间内，同时对与之相关的物流和信息流进行合理地组织规划，以求达到将人员、设备和物料所需的空间做最适当的分配和最有效的组合，从而获得最大的经济效益。

生产线作为一种特殊的产品，也有自己的生命周期，包括设计规划、建设、运行维护和报废。其中生产线的设计规划直接关系到后续生产线的运行能效。在生产线规划时，应结合产品对象的工艺要求进行相关设备、物流及各种辅助设施的规划建模与模拟运行，对产品生产流程、每台设备的利用率、生产瓶颈等进行分析评估。生产线建模的细化程度、每道工序的时间估算、装夹等人力时间的计算以及物料工具的配送方式等，都影响仿真评估的结果。生产线的布局方法主要分为2种：系统布置设计法和计算机辅助设施布置设计法。

（1）系统布置设计法

系统布置设计法是通过物料的流动分析与生产单元关系密切程度分析结合来找到一种更合理布局的技术手段。通过图表和图形模型的对比，将量的概念引入设计分析的全过程。量化了关系级的概念，建立了各生产单元之间物流相互关系和非物流相互关系图表，从而使布局设计从定性决策阶段转化到了定量计算阶段，使布局设计更加科学化、系统化、合理化，并广泛为工程师、生产管理者所使用。采用该方法进行产线布局，需要经过如图2-11所示几个阶段。

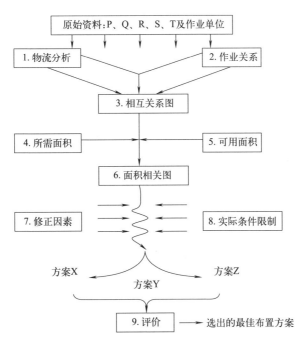

图2-11 系统布置设计法程序图

① 调查研究，收集资料。

首先明确影响布局设计的五项基本要素：产品、产量、生产工艺、辅助服务部门、生产节拍。然后对产品和产量进行分析，并总结出生产方式。

a. 产品（P，product）是指所生产的产品、原材料、加工的零件或成品。该数据由企业的生产纲领和产品设计所提供，包括产品型号、零件号、材料、产品特征等。产品这一因素决定相关设备的组成和各工作单元相互关系、生产设备类型、物料搬运方式等。

b. 产量（Q，quantity）是指所生产产品的相应生产量，该数据可用件数、重量、体积或销量来表示。产量这一因素影响着设备规模、设备数量、运输量、建筑物面积等。

c. 生产工艺（R，route）是指产品加工工艺流程，该数据可以设备表、工艺路线卡、工艺过程图等表示。生产工艺这一因素影响着各工作单元之间的关系、物料搬运路线、仓库及其他物料暂存地等。

d. 辅助服务部门（S，service）是指辅助支撑生产运行的部门，如工具领取和维修部门、动力部门、各公用设备管理部门等。

e. 生产节拍（T，time）是指产品的生产周期、投产的批量与批次、各种操作时间、定额标准等。在工艺过程设计中，根据时间因素确定设备的数量、所需面积和人员，平衡各工序的生产时间以及仓储、收货、辅助服务部门所受时间影响。

② 非物流与物流的相互关系分析。

对于生产线中工作单元而言，需要综合考虑工作单元之间的非物流与物流的相互关系。物料搬运是除了产品加工过程之外的主要生产过程，物流分析包括确定物流在必要工序间移动的最有效顺序和移动的强度或数量，可以通过距离从至表、运量从至表来获取物流强度等级，通过物料相关表来定量分析各单元间物料关系的密切程度。若作业单位非物流相互关系则无法定量分析，需要根据工作经验从多方面加以考虑，如设备情况、监督管理、安全卫生、公用设施、场地情况、工作流程、作业性质，从而确定出各单元间非物流关系的密切程度，并建立非物流相互关系表。然后根据物流强度等级及物料相关表和非物流相互关系表，通过比例加权法来作出物流与作业单位综合相互关系表。

在综合调研的基础上提出可行性方案，通过分析物流及作业单位综合相互关系表中各工作单元间相互关系的等级大小，来确定各工作单元的相对距离，并获得生产线各工作单元的相互距离关系，接下来对面积、设备、人员、辅助装置、通道进行考虑，计算出与可用面积相应的工作单元面积。把各工作单元所占面积添加到工作单元的位置相关图上，就形成了作业单位面积相关图，为原始布局提供了依据。此外还需要根据现有实施空间的实际制约和各种修正条件，如搬运方式、操作方式、成本、库存周期等，对面积图上各单元位置、形状进行调整，得到数个可行方案。

③ 分析评价实施。

就是针对备选方案进行技术经济分析和综合评价，并对较优的方案予以改进，以得到最佳布局，最终付诸实施。

（2）计算机辅助设施布置设计法

机械作为人四肢的延伸，计算机作为人大脑的延伸，在设施规划设计中起着十分重要的作用。计算机辅助设施布置设计法是随着计算机虚拟技术的不断进步而发展起来的布局方法，它将计算机虚拟技术和数字模型相结合，以求解出合理的实体布局。这种基于虚拟现实技术的人工交互布局，弥补了纯数学模型布局的不足。它不仅能运行分析，而且可以动画展示，可以充分利用工程师的经验，在计算机上模拟整个生产装配过程，并作出调整。它可以很方便地对设施布局设计的各个方面进行研究，可以对物料搬运系统中的各个方案进行评价和选择，可以用于规划环境、设施布置和系统运作分析及其优化。如图2-12所示为计算机辅助设施布置设计流程。

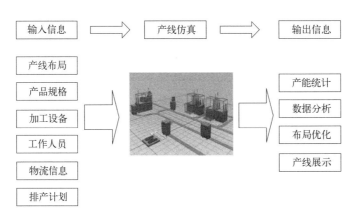

图2-12　计算机辅助设施布置设计流程

产线布局设计前期进行翔实的数字化布局与仿真模拟能有效提升设计效率，而传统三维软件建立的产线布局模式只具备静态展示和查看功能，无法对生产过程中多因素动态信息进行计算模拟，产线布局仅仅依靠设计工程师传统经验。而仅依靠人员计算，无法对产线建设过程中的多种因素进行通盘考虑，从而无法暴露在产线实际建设的潜在问题，而且由于传统设计软件的局限性，会在设计实施过程中产生很多问题。产线布局仿真模拟如图2-13所示。

图2-13　产线布局仿真模拟

产线仿真偏重于产线布局、工艺流程、物流等方向，在数字化环境中对其进行仿真优化，其价值主要包括以下内容：

① 生产线缺陷提前预判。

新工厂生产线布局建设或现有车间改造，将生产预期目标与三维产线进行模拟验证，在产品生命周期早期发现错误，及时清除生产线存在的设计缺陷，并通过仿真数据实时动态模拟工厂特性、反映设备利用率、工作节拍、物流顺序等。

② 降低项目成本。

在确保产能的情况下，优化组合设备位置，减少不必要的浪费，包括人力、物料运输等。

③ 均衡生产库存。

计算库存物料及生产产品储存量，最大化利用生产资源。

④ 优化物流线路。

通过不断运行仿真模型，进行物流密度及方向分析，从而提升产能，降低物流搬运距离。

⑤ 数据采集及分析。

进行生产数据分析，预测未来实际生产效果，比对预期规划目标，对生产线布局进行优化。

⑥ 能耗分析。

通过能耗分析提升设备协调性、减少设备开支，通过仿真结果进行统计优化。

⑦ 瓶颈工位分析。

计算产线节拍，并通过相关功能查找瓶颈工位并进行分析，同时统计分析消除该瓶颈工位后能获得多大收益，对比消除瓶颈工位成本是否合算。

2.8.2　生产线的布局流程

科学的生产线布局是需要经过严格的理论验证推理，结合施工团队经验，通

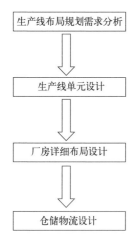

生产线布局规划需求分析	指导方针：总体要求、规划原则等 分析预测：物料分析、产量预测等
生产线单元设计	布局优化：设备改造、配送频率等 类型选择分析：常规U形线、OMO线等
厂房详细布局设计	P-Q分析：成品种类分析、配套零件分析 生产配置：生产效率、生产员工数量、生产线数量等
仓储物流设计	配送方式：AGV小车、滚筒线等 仓储：布局规划、作业流程等

图2-14　流程图

过一定的流程一步步制定的。切忌主观臆断、按个人喜好。具体流程见图2-14。

① 生产线布局规划需求分析。生产线布局规划设计的前期工作首先是对整体要求做一个全面的收集和评估。其次是对设计对象进行全面分析，主要包括产品数量分析、工艺流程分析、生产规模分析以及物流情况分析等。通过对订单量、客户市场需求量、历史生产数据等要素进行统计分析，应用季节趋势预测模型预测出未来生产需求量。在此基础上，根据公司产品和机器设备以及装配线的特点计算出未来需求机器设备数量、装配线需求数量和人员需求数量，根据现状分析及预测结果研究厂房车间、设备、生产线和人员等设计需求。

② 生产线单元设计。根据P-Q分析进行产线成本分析，且结合其产能进行联合分析，进一步分析具有不同产能的产品更适合采用的生产线类型。

③ 厂房详细布局设计。厂房的布局规划设计先要综合考虑现厂房和新厂房的产能需求、工艺要求、生产流程及物流方向合理性等，共享设施和所有厂房的布置协调一致。如果对新厂房进行布局设计，应该在厂房布局规划需求研究的基础上，研究厂房生产线类型和总体布局模式。根据厂房的面积、形状及楼层的分布等来综合考虑其物流模式和整体布局方案，并对提出的典型方案进行论证，确定符合公司实际生产需求的布局方案。

④ 仓储物流设计。确定布局方案后，需要确定物料的配送方案和仓储方式。其运输路线需要结合生产线的布局进行模拟。

2.9
智能生产线的布局类型

智能生产线的布局应保证物料的运输路线最短、生产工人操作方便、辅助服务部门工作便利、最有效地利用生产面积，并考虑生产线之间的互相衔接。为满足这些要求，在生产线布局时应充分考虑生产线的形式、排列方法等问题。生产线的排列要符合工艺路线，生产线的位置涉及各条生产线间的相互关系，要根据装配要求的顺序排列，整体布局要认真考虑物料流向，从而缩短路线、减少运输工作量，总之要注意合理地、科学地设计生产过程的空间组织形式。传统生产线的布局类型可以划分为产品式布局、工艺式布局、单元成组式布局三种。

① 产品式布局。根据产品的生产工艺安排各设备的组成部分，从理论上看，流程是一条从原料投入到成品产出的连续线。这样类型的生产线优点在于布置符

合工艺过程、物流顺畅、上下工序衔接自然、物流搬运工作量小;缺点是设备故障将导致整个生产线中断,而且生产线速度取决于最慢的机器。

② 工艺式布局。又称为机群式布局,这种布局形式的特点就是把同种类型的设备和人员集中布置在一个地方,便于调整设备和人员,容易适应产品的变化,从而使生产系统的柔性大大增加,但是当需要经过多道工序时,工件就不得不往返各工序之间,增加了搬运次数与搬运距离。这种布局形式通常适用于单件生产及多品种小批量生产模式。

③ 单元成组式布局。成组原则布局又称为混合原则布置,在产品品种多、每种产品的产量又是中等程度的情况下,将工件按其外形与加工工艺的相似性进行编码分组,同组零件用相似的工艺过程进行加工,同时将设备成组布置,即把适用频率高的机器群按工艺过程顺序布置组合成成组制造单元,整个生产系统由数个成组制造单元构成,这种布置方式既有流水线的生产效率又有集群式的柔性,可以提高设备开工率,减少物流量及加工时间。成组布置适用于多品种、小批量的生产类型。现代成组布局包括柔性制造单元(FMC)和柔性制造系统(FMS)两种形式。

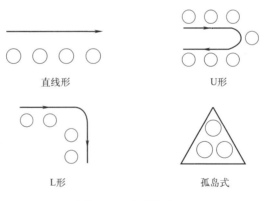

图2-15 生产线布置

车间生产线布置如图2-15所示。随着精益生产思想的推广,传统直线式生产线越来越多地被U形生产线所代替,因为传统生产线布置有如下缺点:一个人操作多台设备时将存在"步行的浪费",增加了劳动强度,同时也不能实现人员的柔性化调整。而在U形布置中,生产线摆放如U形,一条生产线的出口和入口在相同位置,一个加工位置中可能同时包含几个工艺,所以U形布置需要培养多能工。它减少了步行浪费和工位数,从而缩短周期、提高效率,同时也减少了操作工,降低了成本。U形生产线如图2-16所示。

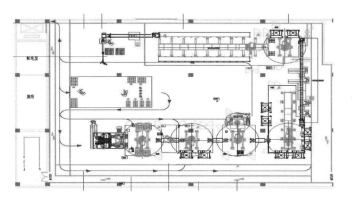

图2-16　U形生产线

Chapter 3

第3章

智能生产线的组成单元

智能生产线是生产或装配集合的总称，随着自动生产线的演变，它逐渐发展成机电信息一体化系统，综合应用了机械、计算机、传感、驱动、人工智能等多种技术，将生产流程各个环节串联起来，形成一个强大的闭环。它具有高度的系统集成的特征，是一个庞大的设备集成系统，由众多的结构单元组合而成。每个单元可以互联互通，实现信息分享、自我调节。其最终目的是以最优布局、最佳效率、最少用人、最优产品、最低能耗，实现生产过程的精细化管理，提升产供销运营效率，实现从订单到出库的全流程数字化管控。

3.1

智能生产线的分类及组成

3.1.1　智能生产线的分类

智能生产线的设备组成、通信方式、布局类型等，会跟随产品的工艺流程、厂房的构造、客户的需求等因素变化而变化。深入、全面、系统地研究和开发智能生产线技术，科学地对智能生产线进行分类，对实现智能生产线专业化生产制造具有重要的技术经济意义。我们可以先按照智能生产线独有的特征，大致做一下分类。

（1）按所用工艺设备类型分类

① 专用智能生产线。这类生产线的生产工艺流程复杂，针对性强，适用范围窄，大部分是某些行业的细分领域，所采用的工艺设备以专用设备为主。专用设备是为某一产品零件的某个工序单独设计制造的，因此建线费用较高。这类生产线主要针对结构比较稳定、差异小、生产纲领比较大的产品。

② 柔性智能生产线。这类生产线的生产工艺简单，比较成熟，各行业的应用比较广，所采用的工艺设备以通用设备为主，如锁螺钉机、激光打标机、涂胶机、贴膜机等。在市场上可以定制或采购，没有较强的独特性，其建线周期短，制造成本低，收效快。

（2）按设备连接方式分类

① 刚性连接智能生产线。这类生产线分两种类型：第一种，产品体型较大，所需输送系统复杂，转运方式难控制，故障停车概率高。第二种，生产线没有储料装置，设备按照工艺顺序依次排列，工件由输送装置从一个工位传递到下一个工位，直到成品结束。产品的组装和输送过程具有严格的节奏性，当一个工位出现故障时，会引起全线停车。综上所述，这种生产线的设备都要具备良好的稳定

性和可靠性。

② 柔性连接智能生产线。这类生产线会有一定的储料系统或者中转工作站，可以在每台设备之间，也可以相隔若干工位设置储料装置，储备一定数量的物料，当一台设备因故障停车时，其上下工位的设备在一定时间内可以继续工作。

（3）按线体的走向分类

智能生产线的线体走向由多重因素决定，包括厂房结构、工艺流程、人工工位、物流运输、仓储等，常见的走向分为直线形、S形、U形等。直线形智能生产线布局大多遵从一个流的原则。

（4）按产品流动方式分类

按产品的流动方式分类主要有：带式、链式、滚筒式、链板式、悬挂式、倍速链式、AGV小车式等。

（5）按生产对象的数目分类

① 单品种智能生产线。又称不变生产线，是指生产线上只固定生产一种制品。要求制品的数量足够大，以保证生产线上的设备有足够的负荷。

② 多品种智能生产线。将结构、工艺相似的两种以上制品，统一组织到一条生产线上生产。固定在生产线上的几种制品不是成批轮番地生产，而是在一段时间内同时或顺序地进行生产，在变换品种时基本上不需要重新调整设备和工艺装备。

3.1.2 智能生产线的组成

产品制造过程涉及物料、能源、软硬件设备、人员以及相关设计方法、加工工艺、生产调度、系统维护、管理规范等。智能生产线的庞大系统具有高集成、高融合、高扩展的特性，它是电气技术、机械技术、机器视觉技术、工业大数据、云计算、物联网、射频识别技术、智能传感器技术、软件技术等应用的集合体。它的组成单元相对比较复杂，但是关联性较强，按不同属性可将其划分为不同的部分。

（1）按系统划分

分为管理系统、生产及仓储物流系统、监控系统。

① 管理系统。面向企业的经营管理，如接收订单、建立基本生产计划（如原料使用、交货、运输）、确定库存等级、保证原料及时到达正确的生产地点以及远程运维管理等。企业资源规划（ERP）、客户关系管理（CRM）、供应链关系管理（SCM）等管理软件都在该层运行。

② 生产及仓储物流系统。整个智能制造生产及仓储物流系统通过信息系统、控制系统、执行系统三个方面进行管理与控制。信息系统对数据及任务进行管

理，同时下发并接收控制层上传信息，对信息进行分析处理及显示。控制系统对数据及任务进行分级处理并指导设备进行相应动作操控，同时对完成任务进行上传。执行系统最终完成与实现具体动作并在完成动作任务后进行反馈，实现具体任务的上传。通过三层的网络结构，可以清晰明了地进行信息交互、指令控制、动作反馈，从而使智能制造生产线能够有机协调地运转。

③ 监控系统。监控系统实现面向生产制造过程的监视和控制，打通现场控制系统、检测诊断系统与设备管理业务系统之间的数据获取通道，可以实现设备状态信息、工艺过程信息和业务管理信息的匹配。

监控系统可以实现生产过程的实时监控，实时显示生产线的设备运行状态、生产情况、维护情况、停机故障情况、值班情况、监控参数等信息。整个系统包括可视化的数据采集与监控（SCADA）系统、HMI（人机接口）、实时数据库服务器、实时显示功能块等。实时显示功能块是整个系统中的重要环节，如图3-1，能真实呈现现场界面，提高整个系统的辨识度和认知度。通过监控系统可以让管理人员在任何地点都能及时了解生产车间的状况，及时解决问题，并让现场的工人实时了解其关心的问题，提高员工的士气，从而提高生产效率。

监控系统可以实现生产过程的报警。通过自控设备的报警信息统计故障时间，"故障原因"是计时的起点，"故障消失"和"设备正常运行"是结束时间。通过停机数据的统计，可以计算出设备的运转率等参数。该系统对报警有多种过滤方式，保证现场人员能够及时、准确地获取所需的报警信息。

图3-1 实时显示功能块

（2）按空间划分

分为企业层、管理层、数据层、操作层、控制层和现场层等6层。企业层、管理层为数字空间，操作层、控制层、现场层为物理空间。数字空间与物理空间之间的通信，通过中间数据层的互联网、物联网、物品码等手段实现。物理空间主要是生产执行，数字空间主要是生产运营管理、仓库管理和企业资源规划等，数据层主要是数据存储、过滤、处理、控制、输出和反馈。

① 企业层。以产品全生命周期管理为主线，基于研发、设计、制造和检测一体化运行的要求，从不同层级获取信息。通过对信息的分析和判断，为形成企业发展战略提供数据支撑，再反向循环，分别将生产计划指令传递到各个制造环节，如产品设计、工艺设计、生产端等，由此构建信息闭环管理。

② 管理层。管理层是由工艺设计、工厂/生产线规划、仓库物料管理和生产运营管理等组成。

③ 数据层。数据层是对现场各类信息进行析取、重组、创新、集成、提炼。这些原始的生产数据可以引入专家咨询机制，逐步对制造经验进行沉淀和积累，完成对隐性信息的提取。

④ 操作层。操作层是机器设备的执行单元，对各项生产指令进行有序产出。通过整体的可视化技术进行推理预测，利用仿真及虚拟现实或增强现实技术，实现生产全流程监控。

⑤ 控制层。控制层主要是通过物联网、大数据等手段使设备互联互通，增强人机交互的能力。

⑥ 现场层。现场层包括智能数控机床设备、智能机器人装备、智能关节手臂等机器和设备。

（3）按功能划分

智能生产线不是一个单纯的线体，而是一个形成闭环的系统。它由智能仓储单元、智能加工单元、智能物流单元、智能检测单元、智能搬运单元、上下料单元、数字化信息管理系统等组成，各单元看似独立，实则互联互通。

智能仓储单元是用来存储物料与成品的单元，它由货架、堆垛机、出入库平台组成，能在长时间、无人运行的情况下，有序稳定地输出物料，并合理保存成品。智能物流单元是承担物料与成品运输的单元，一般由AGV小车、滚筒架、料框等组成，可实现各单元间的物料传递。智能加工单元是承担产品加工制造的单元，一般由数台工艺加工设备组成，如数控雕铣机、数控花火机等。上下料单元是承担物料交换任务的单元，可以由料台、工业机器人以及与之配合的地轨的辅助设施组成，用于执行获取物料、向设备供料以及取走成品等动作。智能检测单元是承担产品质量检测的单元，主要由三坐标测量机、料架及工业机器人组成。智能搬运单元是承担物料与成品搬运的单元，比如利用码垛机器人堆放货物，或是使用分拣机器人实现货物的分拣放置。数字化信息管理系统是负责整体生产线信息管理与设备控制的单元，包含云制造协同管理系统、MES系统、主控系统与其他硬件设备，相当于生产线的大脑，指挥各单元协同运作，维持设备稳定运行。

实际生产中，各条生产线的组成因工艺、加工需求以及场地环境等因素而略有差异，但其核心技术相同，且缺一不可。哪些核心技术是智能生产线搭建过程中不可或缺的？从执行层面分析，智能生产线明显区别于传统生产线的技术，在于工业机器人、AGV小车以及MES系统的运用。从信息层面分析，工业大数据、云计算、PLC与嵌入技术、射频识别技术、机器视觉技术、智能传感器以及工厂物联网的技术运用，是智能生产线最具竞争力的特征，其中射频识别技术、机器视觉技术、智能传感器等技术是实现工厂物联网的关键。

3.2

智能仓储单元

智能生产线上的物料来源和成品入库都与智能仓储单元密不可分，它只有健康和稳定地运行才能保证生产的高效率运转。传统仓储单元具有人工成本高、效率低下、分拣管理臃肿、物料出入库的信息更新不及时等缺点，逐渐被现代企业淘汰。在数智化工厂，智能仓储成为了必然的选择。智能存储单元是物料和产品的存储和管理单元，能够帮助企业准确掌握库存数据，以便对货物批次、保质期、位置等状态信息进行快速管理，合理保持和控制企业库存。对比传统仓储单元，其优点主要有以下几个方面：

① 智能仓储单元采用高层货架，立体存储，可以有效利用空间。货架结构简单易拆卸，可根据工厂实际存储情况进行搭建。

② 智能仓储单元可采用自动化作业模式，实现无人仓储，不仅能够节省人工成本，还能有效避免人为失误产生的损失。

③ 智能仓储系统和信息识别系统等软件设施组成的智能化信息系统，使出入库流程方便快捷，提高了物流效率，便于库存管理。

④ 智能仓储单元可在夜间结合货品定位自助导航，配备热成像、温湿度感应、烟感、拾音、无线传感、语音交互等技术，通过报警技术与人防系统联动，夜晚8小时不间断运行，辅助并代替安保人员巡视仓库。

3.2.1　智能仓储单元的组成

智能存储单元采用智能立体仓库进行货物的自动存储，通过立体仓库能够实现毛坯、半成品、成品、装配过程标准件等货物的自动存储，存储方式采用专用托盘结构（材料为木质或者塑料），不同的产品形态会放置到专用的托盘工装上，托盘信息记录采用RFID射频识别技术，对托盘的物料信息进行记录。通过RFID读码器进行读码，确定物料信息。智能存储单元预设有三个对接接口，可与加工生产线自动对接，同时预留两个 AGV 系统对接接口，可以实现不同形态产品的自动出、入库对接，从而完成物料的闭环管理。根据出入库的流程，智能仓储单元分为三个部分，分别为物料的前期入库、物料的存储和物料的出库。其中包括物料识别系统、货位管理系统、自动分拣系统、部分物料传输系统、立体仓库和AGV 系统。

智能立体仓库是当前无人仓技术水平较高的形式，如图 3-2 所示。智能立体仓库的主体由货架、巷道式堆垛起重机、操作控制系统组成。钢结构的货架内是标准尺寸的货位空间，巷道堆垛起重机穿行于货架之间的巷道中，完成存取货的工作，管理上采用计算机条形码技术。

图 3-2　智能立体仓库

3.2.2　智能仓储单元的设计

智能仓储单元需要根据实际情况做出合理的设计，立足于当下，也要预留扩展空间，其设计流程分为六个阶段。

（1）系统调查研究与需求分析

首要任务是收集产品信息、场地情况、物料和生产工艺等设计依据信息。产品信息主要包括包装形式、单件重量、物料种类、储存条件、外包装尺寸等。场地情况主要是了解地面类型、承重、布局、场地面积等，还要对当地环境气象和地形有所了解。物料方面主要是出入库明细和历史库存信息，明确仓库能接受的最大入库量、向下游转运的最大出库量的要求。另外还要明确仓储单元与上下游衔接的工艺过程。考虑到交互过程中可能存在的交叉问题，应在设计时多方兼顾。

（2）确定智能仓储单元的主体形式

智能仓储的立库方式分为格式立库和贯通式立库。格式立库使用较为普遍，通用性强，若货物批量大，品种多，可以考虑使用贯通式立库。在出入库的过程中，需要确定是否需要分拣作业。分拣作业一般有整单元出入库和零星货物出入库等，设计时应尽可能采用复合的作业方式。

（3）确定货物的单元形式及货格尺寸

为了能够合理地确定货物单元的形式、尺寸和重量等参数，应根据产品信息和统计结果，列出所有货物的单元形式及规格，并作出合理选择。为了方便与其他运输设备匹配，货格设计时尽量采用标准尺寸。对于少数规格特殊、重量较大的货物可以单独处理。货格尺寸的设计直接关系到仓库面积和空间利用率。其尺寸取决于在货物单元四周所需留余的净空尺寸和货架构件尺寸，间隙应适中，太大会造成空间浪费，太小会影响以后的存取作业。

（4）确定库存量与立库总体尺寸

库存量是同一时间内可以容纳货物单元的数量，在实际出入库过程中，库存量存在较大的波动情况，因此在设计时，应参考历史出入库的数量和规律，预测出所需的库存量。立库总体尺寸的确定与单货架长宽高尺寸、货架排数、列数、巷道数目有直接关系。立库的高度不是越高越好，高度过高，货架刚性较差，一般在10~20m。若设定库存量为N，巷道数为A，货架高度为B，那么$N\div(2\times A\times B)=D$，即单排货架在水平方向的列数，再根据单排货架在水平方向的列数与货格横向尺寸确定货架总长度L。之后根据需要，为办公室、操纵控制室等辅助设施配置所需面积，确定立库总体尺寸，考虑物流需求，合理规划立库各功能区的布局情况，形成物流图。

（5）确定搬运设备及作业方式

货架的高度、货道的长宽、货物的重量，都会对搬运设备的选择产生影响。在货架较低的情况下，可以选择高叉车作为搬运工具；相对较高的货架，可以采用堆垛机配合AGV小车、出入库平台、传送带的输入设备完成出入库的搬运。

（6）设计控制系统及WMS系统

根据仓库的工艺流程及需求，合理设计控制系统及仓库管理系统，两者一般采用模块化设计，以便于升级维护。

3.3

智能上下料单元

传统的上下料单元具有工人生产过程劳动强度大、生产效率低、自动化和信息化程度低等特点，主要体现在四个方面：①工件大且重，人工上下料费时费力，劳动强度大，安全保障低。②人工上下料，不能实现连续生产，设备利用率低，生产率低下。③自动化程度较低，采用人工上下料，重复定位精度低。④信息化程度低，采用人工计数，对来料检验的程序管控不严格，与仓储单元的信息联动不及时，无法达成智能排产的目的。

　　智能上下料单元能够代替人工实现物料自动进入生产线的位置，或者从装配加工区域取出零件的卸料搬运操作，实现生产过程无人化。操作工不再进行重体力劳动，只需进行巡检维护等工作。智能上下料单元的实现形式有多种，目前有AGV小车+工业机器人、AGV小车+输送线、AGV小车+桁架上下料、AGV小车+振动盘+输送线、AGV小车+智能上下料设备等。

3.3.1　AGV小车+工业机器人

　　通过合理布局，可以实现一台工业机器人对多台设备的管理。典型的上下料单元主要包含工业机器人、料仓、系统控制等。载有工件的托盘通过AGV小车运送到上料位置，利用机器人实现对工件的自动抓取、自动上下料，重复定位精度高，可以连续生产并提高设备利用率，在提高生产效率的同时可以大大降低工人劳动强度。通过3D视觉系统自动识别工件的位置以及姿态，与机器人或机械手通信实现工件的精准抓取，有效解决来料工件堆放不整齐导致无法抓取等问题。如图3-3所示，机器人获取上料信号，抓取工件，转移至加工区域，完成后，

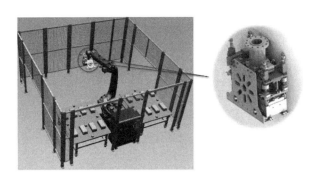

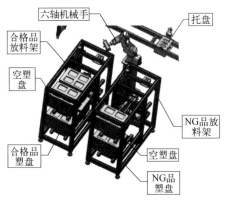

图3-3　AGV小车+工业机器人

机器人将工件取出，送至料仓等待下一步的工序。

在对工业机器人进行选型时，需要从负载、种类、防护等级、最大运动范围、自由度、运行速度、重复精度、品牌等方面进行多方考量。对于上下料单元，机械臂需要在狭小空间内扭曲翻转，6自由度的关节机器人是合理的选择；平面内的简单转移动作，一般选择3自由度关节臂机器人。负载指的是机器人在工作时能承受的最大载重，一般需要将末端执行器和零件重量计算在内。最大运动范围也是选型时的关键指标，要了解机器人在各方向上的运动范围，来判断是否符合上下料的应用需求。重复精度指机器人完成一次循环后到达同一位置的精准度，这个精度需要达到上下料所要求的精度，通常来说，机器人可以达到0.5mm以内的精度。运行速度与生产节拍相关，需要保证所选用的机器人能在规定时间内完成上下料工作。防护等级需要根据上下料的应用环境来确定。掌握了这些关键参数就可以在各品牌下选用合适的机器人，并选用经济实用的机型。为了配合机器人抓取工件，末端手爪的合理设计十分关键，典型的手爪包括吸盘式手爪、承托型手爪、悬挂式手爪、夹持型手爪，一般由气动、液压、电动等方式驱动，应根据被抓取的工件形状与质量来考虑手爪结构，例如对于质量不大的零件，可采用手指式的气动手爪，为确保手爪可靠耐用，设计时应注意以下几点：

① 具有一定的开闭范围，以提高手爪通用性，但是需要增加自锁的功能，避免物体滑落造成安全事故。

② 保证工件在手爪内的定位精度。

③ 结构紧凑，重量轻，尽量选择轻质材料。

④ 具有足够的夹持力，保证工件在运动过程中不脱落，且夹紧力合适，不会对工件有损伤。

3.3.2 AGV小车+输送线

为了确保来料的质量和来料规格的正确，有的线体默认来料合格，有的线体会再次进行验证。图3-4所示的智能上下料单元采用的是再次检测的方式，其主要组成为AGV小车、输送线、扫码检测、NG输送等。

AGV的皮带线直接和料机的皮带输送线B对接，然后将两摞托盘传送到皮带输送线B上。伺服升降机构带着皮带输送线A上下升降，皮带输送线B将一摞托盘传送到皮带输送线A上，升降机构上升，将托盘定位到托盘支撑机构上。托盘支撑机构将托盘逐一拆放到皮带输送线A上，然后皮带输送线A将单个托盘传送到皮带输送线C上。托盘在皮带输送线C上阻停，顶升旋转机构将托盘定位。固定扫码枪读取托盘的二维码，如果无法读取，顶升旋转机构旋转180°，再次读取二维码，如果还是无法读取，皮带输送线C将托盘传送给皮带输送线A，皮带输送线A将托盘传送到NG托盘暂放流道，等待人工集中处理。皮带输送线B可以存放两摞托盘，保证产线不间断生产。作为下料机时，以上动作反向运行。

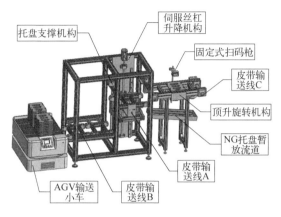

图3-4　AGV小车+输送线

3.3.3　AGV小车+桁架上下料

对于体积大、笨重的物品，如电池模组、发动机、铸件等，经常需要在生产线与机床加工工位之间来回搬运。关节式工业机器人载荷大、精度高、动作可编程，但是价格比较贵，在搬运路径较为简单的情况下使用，经济性差。目前，桁架式搬运适用于数控机床加工工位定位精度要求较高，而且搬运动作又较为简单的上下料环节。桁架的结构分为单臂、龙门式等多种形式。如图3-5所示，AGV小车将托盘运送到指定位置，龙门式桁架先伸出吸盘式抓手，通过负压将产品吸附固定，然后沿着导轨或者直线模组移动到滚筒线位置。待状态稳定后，真空阀吸入空气，负压消失，产品脱离抓手，完成上下料动作。

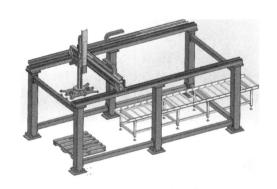

图3-5　AGV小车+桁架搬运

3.4

智能物流单元

智能生产线生产制造过程要正常进行，必须贯穿各种物料的流动。物料输送单元能够将物料按给定程序、轨迹和要求实现转移和运动。它是智能生产线的重要组成部分，能将生产装配系统中的物料（如毛坯、半成品、成品、工夹具）及时准确地送到指定加工位置、仓库或装卸站。物料输送单元采用可靠的传感技术、通信技术以及计算机技术，实现工作区域内设备的集中控制和管理。系统通过信息采集设备记录下生产线上运行的各个信息，进行信息交换和通信，以实现智能识别、跟踪、监控等，以便实现生产线上的动态调度，保证完整的物料和工艺可追溯性。物料输送单元的智能化是当前制造企业追求的目标。现代物料输送单元是在全面信息集成和高度自动化环境下，以制造工艺过程的知识为依据，高效、合理地利用全部储运装置将物料准时、准确和保质地运送到位。

3.4.1　物料输送单元的作用

在生产制造的过程中，原材料从进厂，经过多个工艺环节，到最终的出厂，物料处于等待和传输状态的时间占95%左右。其中物料传输与存储费用约占整个产品开发费用的30%~40%。物料输送单元起着人与工位、工位与工位、加工与存储、加工与装配之间的衔接作用。此系统优化有助于降低生产成本、压缩库存、加快资金周转、提高综合经济效益。另外，高效的物料输送单元可以减轻工人的劳动强度，可以加快物料的流动速度，使各工序之间的衔接更加紧密；可视化的操作平台方便管理人员即时了解生产状况，进行生产透明化管理。

物流是物料的流动过程。物料按其性质不同，可分为工件流、工具流和配套流三种。其中工件流由原材料、半成品、成品构成，工具流由刀具、夹具构成，配套流由托盘、辅助材料、备件等构成。在制造系统中，各种物料的流动贯穿于整个制造过程。在智能化制造系统中，物料输送单元是指工件流、工具流和配套流的移动和存储，它主要完成物料的存储、输送、装卸、管理等功能，具体如下：

① 存储功能。在制造过程中，出于各种生产需要，有很多工件需要进入等待模式。该功能主要负责物料的存储和缓存。

② 输送功能。工件在各工艺单元之间来回穿梭运输，满足工件加工工艺过程和处理顺序的要求。

③ 装卸功能。实现加工设备及辅助设备上下料的自动化，以提高劳动生产率。

④ 管理功能。物料在输送过程中是不断变化的，因此需对物料进行有效的识别和管理。

3.4.2　物料输送单元应满足的要求

① 应实现可靠、无损伤和快速的物料流动。
② 应具有一定的柔性，即灵活性、可变性和可重组性。
③ 实现零库存生产目标。
④ 采用有效的计算机管理，提高物料系统的效率，减少建设投资。
⑤ 物料系统应具有可扩展性、人性化和智能化。

3.4.3　物料输送单元的主要输送形式

物料的输送需要根据其特征（如形状、大小等）、物理特性（如气体、流体、固体等）量身定制方案。根据结构类型的区别，最基本的输送线有带式输送线、链式输送线、滚筒输送线、磁悬浮输送线、托盘输送线等。根据输送线运行的区别，输送线可以按连续输送、断续输送、定速输送、变速输送等不同的方式运行。本部分就以常见的固体物料为例，列举主要的输送形式，如图3-6所示。

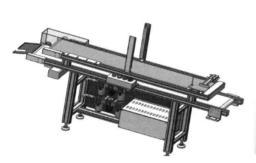

(a) 带式输送线

(b) 链式输送线

(c) 滚筒输送线

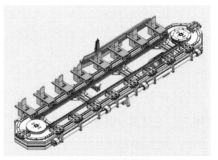

(d) 环形导轨输送线

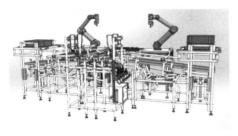

(e) 机器人移载线　　　　　　　　　　(f) 直线电机移载线

图3-6　输送单元的输送形式

（1）带式输送线

输送带，又称运输带，是用橡胶与纤维、金属复合制品或者是塑料和织物复合的制品皮带来承载和运送物料，底部靠皮带或者链条带动辊轮旋转，从而驱动皮带来输送物料。带式输送线是一种利用连续运动且具有挠性的输送带来输送物料的输送系统。它主要由驱动装置、张紧装置、传送装置和辅助装置组成。输送带是一种环形封闭形式，它兼有输送和承载两种功能。

（2）链式输送线

链式输送线由链条、链轮、电极、减速器、联轴器等组成。长距离输送的链式输送线还有张紧装置和链条导向件。链条由驱动链轮牵引，链条下面有链条导向件，支撑着链条上的套筒滚子。链式输送机输送能力大，结构形式多样，并且有多种附件，易于实现积放输送，可用作装配生产线或作为物料的存储输送，配合立库实现自动化物流。

（3）辊子和滚筒输送线

辊子输送线是利用辊子的转动输送工件，其结构比较简单。为保证工件在辊子上移动的稳定性，输送工件或托盘的底部必须有沿输送方向的连续支撑面，一般工件在支撑面方向至少应该跨过三个辊子的长度。辊子输送系统一般分为无动力辊子输送系统和动力辊子输送系统两大类，其结构简单，可靠性高，维护方便，可以输送各种轻重的物品，并能承受较大的冲击载荷。

按驱动形式，滚筒输送线可以分为无动力滚筒输送线和动力滚筒输送线。在动力滚筒输送线中，驱动滚筒并不是单独驱动的，而是由多个滚筒共同来工作的。其中滚筒是由电机和减速器组合驱动，然后由链条驱动和同步带驱动，从而实现运输效果。按结构形式、驱动方式，滚筒输送线可以分为动力滚筒线和非动力滚筒线。根据布局，滚筒输送线可以分为水平滚筒线、倾斜滚筒线和转向滚筒线。

（4）倍速链输送线

所谓倍速链输送线，就是一种滚子输送链条。在输送线上，链条整体的移动速度是固定的，但链条上方被输送的工装板或工件可以按照使用者的要求控制移动节拍，在需要停留的位置停止运动，并进行各种装配操作，完成上述操作后再使工件继续向前移动输送。 所以倍速输送链也可以称为节拍输送链、自由节拍输送链、差速链、差动链。

（5）步伐式输送机

步伐式输送机是自动线上常用的工件输送装置，有棘爪式、摆杆式等多种形式。

（6）悬挂式输送线

悬挂输送系统分通用悬挂输送系统和积放式悬挂输送系统两种。悬挂输送机由牵引件、滑架小车、吊具、轨道、张紧装置、转向装置和安全装置等组成。它适用于车间内成件物料的空中传输，优点是节省空间，容易实现整个工艺流程的自动化。通用悬挂式输送机是一种简单的架空输送机械，它有一条由工字钢一类的型材组成的架空单轨线路（如轨道）。承载滑架上有滚轮，承受货物的重力，沿轨道滚动。积放式悬挂输送系统与通用悬挂输送系统相比有下列不同之处：牵引件与滑架小车无固定连接，两者有各自的运行轨道；有岔道装置，滑架小车可以在有分支的输送线路上运行；设置停止器，滑架小车可在输送线路上任意位置停车。

（7）导向小车

导向小车是依靠铺设在地面上的轨道进行导向输送工件的输送系统。小车具有移动速度快、加速性能好、承载能力大的优点。

（8）磁悬浮输送线

随着技术的发展，人们也在不断寻找更加节能和环保的输送方式，磁动力输送就是一种颠覆传统的输送方式，如图3-7。磁悬浮输送线是以直线电机与弧形电机驱动的智能输送系统，这种线体大大提升了自动化生产线传输和装配的灵活性和生产效率。与传统输送线相比，磁动力输送线可实现快速简单的切换，维护和停机时间更短，而且具有爬坡能力强、建造成本低、运量大、能效高、环保等

图3-7　磁悬浮输送线

多项优势，能够广泛用于各类物料端到端的输送作业，是很多行业最理想的输送解决方案。

3.4.4　物料输送单元的设计

物料输送是贯穿整个生产周期的重要单元，具备个性化、快速响应等特点。其无缝衔接仓储与制造环节，为物流在各生产工序间的高效传递提供了可能，是实现数智化生产线的关键。一个好的物料输送路线会跟随整体的材料流动，一个糟糕的线路设计会向相反的方向发展，所有的材料会通过工厂运输两次。运输是生产现场中必须要消除的七大浪费之一。离散制造企业在两道工序之间可以采用带有导轨的工业机器人、桁架式机械手等方式来传递物料，还可以采用 AGV、RGV（有轨穿梭车）或者悬挂式输送链等方式传递物料。在车间现场还需要根据前后道工序之间产能的差异，设立生产缓冲区。

物料输送单元核心是智能单元化物流技术、智能物流装备、物联网技术以及智能物流信息系统，整体呈现高度自动化和柔性。物流系统中一切设备具备自主决策、去中心化、离散控制的特征。物料输送单元是将形状、尺寸各异的物料集中为标准的货物单元，以便于进货、仓储、分拣、配送、回收等物料活动的开展，同时也实现了对分散的物流活动的联结。承载物料的单元器具包括集装箱、周转箱、托盘，它们不仅是物料的载体，同样也是信息流的载体。智能物流装备是车间内物料传递与中转的载体，是配置了 RFID、光电感应、红外感应、超声波感应、激光扫描器和机器视觉等技术的物流设备。常见的有 AGV、智能叉车、智能料架等。物联网技术是智能生产线上所有设备相互连接、通信的载体，通过各种信息传感设备读取物料或设备的当前状态信息并传输至云端。智能物流信息系统是存储了所有的物流信息的云端系统，通过制定的协议和规则进行数据共享和处理，实时推送物流指令，集中调配物流车辆，精确取料，及时配送。

在设计物流单元时，首先应明确生产任务的具体情况（如品种、生产纲领、协作关系、生产辅助系统、加工周期），对进出物流车间的品种与数量有一定了解，其次根据生产任务情况，确定物料的集装单元及装载方式。然后针对具体生产环节，确定工序间物料的品种、数量及运输方式，并规划零件、毛坯等物资存放场地及所占的区域与面积。最后，基于以上几点与产线布局情况规划物流线路，物流线路包括直线形路线、L形路线、U形路线、环形路线、S形路线几种，应根据出入口位置、外部运输条件、建筑物轮廓尺寸、通道位置等因素综合考量。在选择物料输送设备时，需要综合考量载重、车间环境、生产效率、工作范围、特定使用场景等问题，例如，AGV 作为主流的运输设备，选择时应从运载方式、物料载重、导航方式等方面进行分析。AGV 的运载方式多种多样，应根据工序间的对接形式、运送对象装载单元形式、应用场合等条件进行选择。根据车间实际需求，如现场通道、线路情况、流程选择合适的导航方式。要让这些物料输送设备在车间灵活运转，离不开大脑的管控，这个大脑就是智能物流信息系统，其集中指挥所有物流装备，确保货物准确传递。智能物流信息系统与智能物流装备、制造装备、信息系统、生产工艺等紧密结合，通过各种物联网技术实时收集更新出入库的物流信息、车辆当前状态信息、配送情况、生产进度情况信息，经过查询排序、模型求解、预测等一系列信息处理，成为能够在生产环节上发挥功能的物流信息，所有物流数据都被存储在智能物流信息系统，并在各个智能环节中流通，向物流装备及时准确发布物料配送指令，有序指挥车间内的物流活动，同时又能向物流人员提供实时直观有效的物流信息。

3.5

智能加工和装配单元

在生产制造中，铸造、锻造、冲压、焊接、切削加工等是产品成形的重要加工工序，装配则是产品成形的最后一道屏障。两者约占产品制造总工作量的20%~70%，可以说很大程度上决定了产品的最终质量。由此可见，加工或装配在工业生产中极其重要。如图3-8为智能加工生产线。

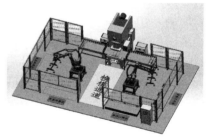

图3-8　智能加工生产线

智能加工单元是将多种数控机器设备以刚性或者柔性的连接方式串在一起，通过自动化数控生产设备的通信模块，与生产线上的设备实现通信连接，生产的信息和机器状态被生产线控制核心的信息处理模块收集起来。智能核心分析模块和决策，根据所得到的机器信息以及系统设置信息，最优化地自动安排生产过程，并通过机器人通信模块接口，对机器人发出控制命令，从而完成整个生产流水线的生产控制。如果发生故障或者异常情况，控制中心可以向单台生产设备发送控制命令，完成停机、报警或者其他指令。

智能装配是实现生产过程综合自动化的重要组成部分，其意义在于提高生产效率，降低成本，保证产品质量，特别是减轻或取代特殊条件下的人工装配劳动。

随着工业机器人的普及，以及所配备的视觉、触觉等感光系统不断完善，目前其已能代替人力处理相对复杂的装配活动，为装配作业实现自动化、智能化提供了可能。完备的智能装备单元，主要由装配机器人、机器视觉系统、控制系统、传输装置、零件供给器等装备组成，能够完成从物料传递、识别到装配生产、质量检测等一系列操作。首先应充分分析生产任务，对作业特点、产量、交付周期等要求有一定认识，并在合理拟定装配工艺后，展开设备选型。

自动装配工艺比人工装配工艺设计要复杂，通过手工装配很容易完成的工作，有时采用自动装配却要设计复杂的机构与控制系统，因此为使自动装配工艺设计先进可靠、经济合理，在设计中应注意如下几个问题。

(1) 自动装配工艺的节拍

自动装配设备中，多工位刚性传送系统多采用同步方式，故有多个装配工位同时进行装配作业，为使各工位工作协调，并提高装配工位和生产场地的效率，必然要求各工位装配工作节拍同步。

装配工序应尽量拆分，对装配工作周期较长的工序，可同时占用相邻的几个装配工位，使装配工作在相邻的几个装配工位上逐渐完成来平衡各个装配工位上的工作时间，使各个装配工位的工作节拍相等。

(2) 除正常传送外，宜避免或减少装配基础件的位置变动

自动装配过程是将装配件按照规定顺序和方向装到装配基础件上。通常，装配基础件需要在传送装置上自动传送，并要求在每个装配工位上准确定位，因此，在自动装配过程中，应尽量减少装配基础件的位置变动，如翻身、转位、升降等动作，以避免重新定位。

(3) 合理选择装配基准面

装配基准面通常是精加工面或是面积大的配合面，同时应考虑装配夹具所必需的装夹面和导向面，只有合理选择装配基准面，才能保证装配定位精度。

(4) 对装配零件进行分类

为提高装配自动化程度，就必须对装配件进行分类。多数装配件是一些形状比较规则、容易分类分组的零件。按几何特性，零件分为轴类、套类、平板类和小杂件四类；根据尺寸比例，每类又分为长件、短件、匀称件三组。经分类分组后，采用相应的料斗装置实现装配件的自动供料。

(5) 关键件和复杂件的自动定向

对于形状比较规则的多数装配件可以实现自动供料和自动定向，但还有少数关键件和复杂件不易实现自动供料和自动定向，并且往往成为自动装配失败的一个原因。对于这些自动定向十分困难的关键件和复杂件，为不使自动定向机构过分复杂，采用手工定向或逐个装入的方式，在经济上更合理。

（6）易缠绕零件的定量隔离

装配件中的螺旋弹簧、纸箔垫片、双面胶等都是容易缠绕贴连的，其中尤以小尺寸螺旋弹簧更易缠绕，其定量隔离的主要方法有以下两种：

① 采用弹射。

② 改进弹簧结构，具体做法是在螺旋弹簧的两端各加两圈紧密相接的簧圈来防止它们在纵向相互缠绕。

（7）精密配合副要进行分组选配

自动装配中精密配合副的装配由选配来保证，根据配合副的配合要求，如配合尺寸、质量、转动惯量来确定分组选配，一般可分为3~20组，分组次数越多，配合精度越高。

3.6
机器人工作站

在工业制造领域，工业机器人对生产环境和作用要求有很强的适应性，用来完成不同的生产任务，使工业生产实现高度的自动化和智能化。采用工业机器人不仅可以提高生产能力、改善工作条件，而且还可以提高制造系统的自动化水平和柔性。其技术附加值高且应用领域十分广泛，越来越受到制造企业的欢迎和认可。最初研究机器人的目的是防止工人们在恶劣的工作环境中受到侵害，使工人从危险的环境中脱离出来。现在的工业机器人是解放人类双手，提高产品品质和生产效率。工业机器人最大的特点是可以不间断地工作。由于机器人出色的工作质量和效率，其应用范围越来越广，例如分拣、跟踪、处理、组装和存储。这些操作广泛地满足了现代工业的需要，因此在机器人技术逐渐完善的同时，工厂生产线的工作水平也在逐年上升，工业自动化的占有率在所有工厂中的比重也在逐年增加。机器人工作站如图3-9所示。

3.6.1 机械手与工业机器人

（1）机械手

机械手是一种能模仿人手的某些工作机能，按给定程序、轨迹和要求，实现抓取、搬运工件，或者完成某些劳动作业的机械化、自动化装置。机械手没有自

图3-9　机器人工作站

主能力，不可重复编程，只能完成定位点不变的简单抓取、搬运及上下料，常常作为机器设备上的附属装置。因此，它具有一定的专用性，所以又称为专用机械手。机械手臂在制造生产线上的应用最为广泛，例如用于焊接的机械手臂、用于制作面包的机械手臂等。

（2）机器人

机器人是能模仿人的某些工作机能和控制机能，按可变的程序、轨迹和要求，实现多种工件的抓取、定向和搬运工作，并且能使用工具完成多种劳动作业的自动化机械系统。机器人比机械手更为完善，它不仅具有劳动和操作的机能，而且还具有"学习""记忆"及"感觉"机能。机器人可以应用于各个领域，当用于工业生产时，常常叫作"工业机器人"（industrial robot）。工业机器人不仅仅指和人类外形相似的智能机器，它泛指一切用于制造生产的人工智能机器人系统。工业机器人具有自动化、可操控、可编程的特点。

3.6.2　工业机器人的组成

工业机器人主要由执行机构（机械机构）、驱动系统、控制系统以及检测装置（传感器等）等几个基本部分组成。

（1）执行机构

执行机构是一种和人手臂有相似的动作功能，可在空间抓放物体或执行其他操作的机械装置，通常包括基座、手臂、手腕和末端执行器。

（2）驱动系统

驱动系统是按照控制系统发出的控制指令将信号放大，并驱动执行机构运动的传动装置。常用的有电气、液压、气动和机械四种驱动方式。有些机器人采用这些驱动方式的组合形式，如电-液混合驱动和气-液混合驱动等驱动方式。

（3）控制系统

控制系统用来控制机器人的执行机构按规定要求动作，可分为开环控制系统和闭环控制系统。大多数工业机器人采用计算机控制，这类控制系统分成决策级、策略级和执行级三级。决策级的功能是识别环境，建立模型，将作业任务分解为基本动作序列；策略级将基本动作转变为关节坐标协调变化的规律，分配给各关节的伺服系统；执行级给出各关节伺服系统的具体指令。

（4）检测装置

通过附设的多种传感器（如力、位移、触觉、视觉等传感器）检测机器人的运动位置和工作状态，并随时反馈给执行系统，以使执行机构按要求达到指定位置。

3.6.3　工业机器人的分类

用于生产线上的工业机器人的种类十分丰富，包括关节型机器人、SCARA机器人、Delta 机器人和直角坐标型机器人等。工业机器人有多种分类方法，表3-1分别按机器人的控制类型、结构坐标系特点和信息输入方式进行分类。

◇ 表3-1　工业机器人分类

序号	分类依据	类别
1	按控制类型	非伺服机器人
		伺服机器人(点位伺服控制机器人和连续轨迹伺服控制机器人)
2	按结构坐标系特点	直角坐标机器人
		圆柱坐标机器人
		极坐标机器人
		关节坐标机器人
3	按信息输入方式	人操作机械手
		固定程序机器人
		可变程序机器人
		程序控制机器人
		示教再现机器人
		智能机器人

3.6.4 工业机器人的应用实例

工业生产中，弧焊机器人、点焊机器人、装配机器人、喷涂机器人及搬运机器人都已被大量采用。工业机器人在生产过程中主要有两种运用方式：一种是机器人工作单元，主要利用机器人来模拟人类工作的情形，一个机器人能够完成多个复杂且精细的工作任务；另一种则是工业机器人的主要应用场景——机器人工作生产线。随着现代化制造业的企业转型，越来越多的工厂逐渐走向了定制化的道路。这种道路使得机器人在智能化制造中扮演着重要的角色，以后的前景也会更加广阔。

工业机器人的工作总是在重复一个动作，调控人员可以通过编程来改变工业机器人运动的方式和频率。因为工业机器人每个动作的时间和运动幅度都是一致的，所以工业机器人工作的精度比人工高，可以用于一些对精度要求较高的生产加工当中。工业机器人在生产制造线上应用十分广泛，例如，焊接工作机器人上安装有高温的焊接装置，利用回转平台来实现旋转；在食品饮料行业，分拣的动作一般以效率为第一要求，而难度系数同样较大的则是包装，要把零散的物品准确放置在包装袋或者包装箱内，这不仅考验机器人的灵活性和准确度，而且要求机器人具备视觉和计算的功能。拣选作业是由机器人来进行品种拣选，如果品种多、形状各异，机器人则需要带有图像识别系统和多功能机械手，机器人可根据图像识别系统"看到"的物品形状，选择与之相应的机械手抓取，然后放到搭配托盘上。目前抓取分拣机器人在食品饮料行业应用逐渐增多，主要集中在后段包装中，比如将小颗粒的巧克力、糖果或者盒装或者袋装的食品饮料快速抓取并放置到指定的分拣传输带或者包装盒中，这种机器人不仅像人的双手一样灵巧，而且有足够的判断能力。工业机器人还可以用于搬运货物，在生产线中可能会产生较重的产品，搬运机器人能够轻松搬运货物，减轻工作人员的劳动强度，同时也保证了工作人员的人身安全。常见工业机器人见图3-10。

(a) 焊接机器人　　　　　　　(b) 喷涂机器人　　　　　　(c) 平面四轴搬运机器人

图3-10 工业机器人

3.6.5　机器人焊接工作站

手工焊接一直是一项效率低、质量不稳定，且具有一定危险性的劳动。为了获取更好的产能与品质，满足柔性化生产，同时降低成本，焊接工艺的智能化成了企业的迫切需求。

机器人焊接工作站可以根据MES系统所制定的生产计划自行调节产品型号与产量，无人化的生产模式可大幅缩短单件产品生产的时间，有效提高焊接精度与产品合格率，同时还节省原材料与人工成本。一般而言，焊接工作站主要由设备监控系统、机器人焊接系统、辅助装置、安全防护系统等组成，设备监控系统用于实时监控焊丝使用情况、气体压力状态等，实现生产定量统计。机器人焊接系统是执行焊接作业的主要加工装备，安全防护系统用于保证安全生产隔离弧光，保障工作站内的人员安全。

设计工作站前，首先要对作业任务进行具体分析。焊接工作站的任务是将零件焊接为一个整体，考虑到产品尺寸、焊缝位置、材料型号、焊接参数上有所差异，工作站应满足多型号的产品加工要求。机器人选型：机器人实际工作范围大于焊接作业所需空间，具备足够负载，满足产品所需的焊接精度与焊接工艺等要求。变位机相对于焊接工作台，通过翻转一定角度，协助机器人完成各方向上的焊接，设计时应按部件最大长度来设计跨度尺寸，以满足不同产品的装夹需求。变位机之间采用方形横梁结构，为满足各型号产品的定位装夹，方形横梁应设置定位安装孔与滑动槽。安全防护装置主要包含了安全围栏、光幕等周边设施，同时工作站还应配备清枪剪丝机与烟尘进化器，分别用来解决焊渣与喷嘴粘接以及烟尘弥漫的问题。接下来考虑工作站的布局。根据企业对单件产品的焊接时间的要求，工作站中心区域横向配备了两台焊接机器人共用一条滑动轨道，同时开展作业。为避免机器人间的碰撞，在布局时应确保两者间留有足够的安全距离，同时又能兼顾所有的焊接位置。为保证工作站生产效率，工作站采用双工位设计，两台变位机分布于机器人两侧，这样就可以实现焊接与工件装夹同步进行，大大缩短生产周期。自动焊机、丝桶等焊接设备安装在机器人底座上，烟尘净化器放置在机器人底座附近，两台清枪剪丝机布置于滑轨两端，以便及时清洁焊枪。焊接工作站内的自动化设备通过总线与主控制器连接，整个集成控制由PLC、HMI、机器人系统、电焊机系统、夹具气缸、滑轨之间的联网通信实现。PLC作为主控制器负责伺服轴的运动定位、焊机参数控制、变位机控制、上下料工位切换、夹具气缸、除尘装置等的控制，协调焊接机器人的作业情况。HMI能监控生产数据，并向上位系统实时反馈设备运行状态，便于操作人员维护与管理。

3.7
智能检测单元

产品的质量包括多方面，比如性能、尺寸、外观等各项参数。早些年的质量检测，更多的是靠"经验主义"，即通过肉眼观察、测量对比等传统检测手段判断产品合格与否，这种方式虽然操作简便但工作量大、效率低，且检测结果易受人为因素的影响。这就导致产品出现瑕疵，安全事故不断，生产效率不高。所以在生产管理过程中，提高质量是工厂管理永恒的话题。质量保证体系和质量控制活动必须在生产管理信息系统建设时统一规划、同步实施，贯彻质量是设计、生产出来，而非检验出来的理念。质量控制在信息系统中需嵌入生产主流程，如检验、试验在生产订单中作为工序或工步来处理。

通过将智能在线检测单元以模块化方式嵌入至生产过程的关键工序，搭载全流程机器人自动化工装，融合底层数据分析管理软件，实现生产制造过程智能检测升级，实现过程关键参数在线检测、生产要素及时判定和可视化监控，提高产品质量合格率与生产效能。目前智能生产线的智能检测单元主要采用与图像结合的机器视觉技术。机器视觉技术就是利用机器代替人眼做出各种测量和判断，具有非接触性、高效的特点。能通过图像获取、图像预处理、图像分割、图像识别、检测等关键技术，在短时间内完成大批量产品的在线检测，且整个过程不会损伤产品的表面。通常智能检测单元包含机器视觉系统、传送带、工控机等装备。凭借机器视觉系统更广泛的测量范围、高效的图像处理技术，能够快速实现外形复杂或体积较大产品尺寸的高精度测量。另外零件检测也是其重要应用，例如判断某个产品部件图案是否存在，或是检测产品表面有无裂纹、孔洞等缺陷，如图3-11所示。

图3-11 视觉检测

设计智能检测单元时，首先需要了解被测产品的外形结构、检测要求等内容，然后明确相对应的合格标准。在进行检测单元的整体系统设计之前，还需要做必要的验证试验，如果试验结果无法满足预期目标，则需要对合格标准做相对应的更改，或者找到更合适的检测方法。智能检测单元主要由硬件设备和软件系统组成。两者通过网口进行通信，硬件设备包括工业相机、光源、工控机、显示屏等设备，负责完成图像处理前的零件传输、数据采集及相关处理等工作。工业相机是机器视觉系统的关键组件，直接决定了图像的采集效果。首先要根据应用需求确定相机类别，CCD相机与CMOS相机更有利于运动对象的捕捉，是视觉检测里的主流，而CMOS相机成本和功耗相对较低。其次是依据目标精度计算单方向分辨率，并选择合适的图像分辨率，然后再根据对象运动情况选择图像帧率。高帧率能帮助相机获取高像素、环境噪声小的图像。最后以传感器芯片尺寸为依据选择相匹配的镜头。在光源的选择上应考虑产品特征与应用环境。例如机加工零件，其金属表面存在一定的反光，结合生产线实际工况，选用LED背光源，配合图像采集能有效克服反光问题，获得较高质量的图像。为了保证检测的准确性，同时提升智能化水平，智能检测单元内还应配多项传感器，例如光电传感器、位移传感器、无线传感器等，能在大型复杂结构不同工况、多工位测量信号的传输等方面提供必要支持。视觉检测软件系统运行于工控机上，集成了所有硬件设备，能快速有效地处理分析获取到的数据并输出检测结果。软件系统主要包括传感器模块、图像采集模块、图像处理、识别软件等几个部分。当产品触发光电传感器后，图像采集下的工业相机开始采集图像，同时位移传感器也被触发。图像通过工控机与识别软件的网口通信，传输到图像处理模块，再经过一系列数学形态处理后提取到产品边缘轮廓特征，最后由识别软件完成识别与测量工作，如图3-12所示。

图3-12　智能检测单元

3.8

数据采集和生产管理系统

信息技术与智能科技的变革为传统制造业向现代化、智能化转型升级提供了可能，而究其核心是数据在这一过程中起到了关键作用。数据是智能工厂建设的血液，在各应用系统之间流动。作为各环节间信息传递的纽带，数据的精准与否直接关系到生产管理系统的运行情况。比如生产过程中采集产量、质量、能耗、加工精度和设备状态等数据，可以与订单、工序、人员进行关联，以实现生产过程的全程追溯。如果出现问题可以及时报警，并追溯到生产的批次、零部件和原材料的供应商。此外，还可以计算出产品生产过程产生的实际成本。

3.8.1　数据的来源

智能生产线在运转过程中，会产生设计、工艺、制造、仓储、物流、质量、人员等数据。这些数据的采集来源较多，主要分为以下几种：

（1）物料数据

① 物料从来料、生产到最终发货的数据；

② 原材料、半成品和辅料消耗的数据；

③ 生产过程中批次变更数据；

④ 缓存区的物料收发的数据；

⑤ 在生产工位上，能够通过扫描零部件条码采集，保存的数据。

（2）人员数据

包括生产绩效的工时出勤数据、员工访问控制数据。

（3）工序数据

工序开始时首先根据现在生产的机型向MES服务器请求工序组方，工序完毕后的最终数据先传输到PLC中，MES客户端采集PLC中的工序的数据再与产品ID绑定，保存到数据库中。工序详细数据另存储到专门服务器中，详细数据包括工序过程数据等。

（4）检测数据

检测数据是对生产过程中各种关键信息的收集。数据传递存储方式多种多样，大致分为数据库存储和PLC存储，每个设备及数据库列名和PLC地址各不相同。

（5）生产工单数据

车间作业员可以录入与生产订单和制品相关的数据，具备条件的也可以自动进行数据采集。此外，与工序相关的统计和分析信息以多种形式及时呈现：

① 工序/工单签入、签出，中断工序和工序报工；

② 记录产量、废品数量和中断工序原因；

③ 可对生产工序进行检验复核，如工序欠交或过交；

④ 采集作业员或班组相关的时间；

⑤ 采集生产时间和停线原因，并分配到可自定义的绩效账户；

⑥ 采集物料批次数据和消耗数据；

⑦ 设备中心特殊功能（订单池）；

⑧ 记录消耗数据。

3.8.2 数据采集形式

传统数据采集方式主要为人工录入，既无法保证数据准确，又无法做到数据的实时更新。目前数据采集仍面临较多阻碍，如数据来源多元化、设备种类各异、设备接口形态不同、设备通信协议不同，为满足各类设备的信息采集，需要视具体情况而开发对应的通信协议。常见的数据采集方式包括以下几种：

① TCP/IP协议以太网模式。以太网方式采集的信息较为丰富，是未来的发展方向。目前主流数控设备均配备局域网口，并提供了与其他系统集成的接口，系统通过局域网卡式MDC网络即可实时采集设备程序运行的开始结束信息、设备运行状态信息、系统状态信息、报警信息、程序运行内容、操纵履历数据、刀具和设备参数表、设备实时坐标信息、主轴功率、进给倍率、转速等，另外系统还能对设备某些加工异常行为，例如刀具超期使用、产品质量出现异常、参数或程序非法修改等情况作出及时限制。

② 普通以太网模式。生产现场大量采用Windows系统带以太网接口，同时又缺少第三方开发接口，例如三坐标测量仪高精度检测设备，它们可以通过网络传输生产所用的文档，或上传检测报告，对于这类设备需要根据设备具体接口、工作形态，随机应变，以便快速提取工作状态及运行参数信息。

③ 数据采集卡。数据采集卡是实现数据采集功能的计算机扩展卡，可通过USB、PXI、PCI等总线接入个人计算机，对不能直接进行以太网通信，又没有PLC控制单元的设备，只要与相关I/O模块点的对应传感器连接即可。

④ 组态软件采集。对应非数控，采用PLC控制的设备可采用组态软件直接读取PLC中的信息，包括PLC中的各种I/O点和模拟量信息，并最终将这些

数据存入数据库中，组态软件通过串口或网口与被采集设备的PLC相连，通过计算机采集处理PLC保存的各种信息，并实时输出各种曲线，从而提高设备监控效果。

⑤ 射频识别技术采集。对于人员物料工装等对象，可以通过在被测物体上绑定带有自身信息的电子标签来实现数据采集，携带电子标签的对象经过RFID读写器读后，就会被自动识别出编码、位置、状态等信息，十分快捷。

企业需要根据采集的频率要求来确定采集方式，对于需要高频率采集的数据，应当从设备控制系统中自动采集。企业在进行智能工厂规划时，要预先考虑好数据采集的接口规范，以及监控和数据采集系统的应用。

3.8.3　数据管理系统

随着工业4.0技术不断升级，信息化技术成为衡量车间智能化水平的关键要素，因此越来越多的制造商开始通过实施MES（manufacturing execution system）系统提高自身竞争力。MES系统作为一套面向制造企业车间执行层的信息化管理系统，无缝连接了整个生产、库存、质量等环节，通过对产品数据、工艺数据、计划数据、工时数据、设备数据、人员数据、库存数据的收集、存储、管理、分析，为整个生产系统提供了强大数据支撑，以实现生产效率和盈利能力的同步提升。MES系统如图3-13所示。

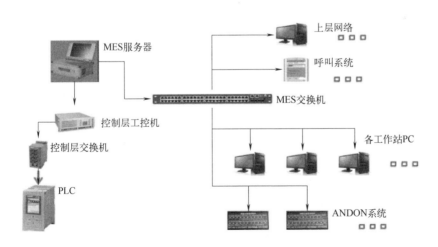

图3-13　MES系统

工厂MES系统分为产线级MES系统与工厂级MES系统两个层级。产线级MES系统主要针对生产过程的数据采集与监控、生产物料的防错和步骤管理、组方下载等具体操作。而工厂级MES系统主要集中在数据的分析与应用，主要有工单管理功能（生产计划）、物料管理功能（生产BOM）、工艺管理（工艺路径和工艺指导文件、工艺参数文件）、质量管理、入库等。

MES设计须考虑当产线级MES系统在工厂级MES异常情况下的2小时以内（网络故障、服务器故障、系统故障等），保证质量数据、过程采集数据不丢失。当工厂级MES恢复正常后，现场数据可继续上传。要成功实施MES系统的总过程包括需求调研、系统定制开发、实施、试运行等环节。作为一项系统性、集成化的大工程，每一阶段都应合理考虑，以保证MES系统能紧密配合生产，为企业创造实际效益。

（1）需求调研阶段

这一阶段主要是改善车间业务流程，优化部门组织管理结构和业务管理流程，合理分工，明确职责，降低无效劳动，另外还要明确MES系统的项目时间计划安排、软硬件配置要求、数据准备要求等内容，并对现场数据采集手段及企业现有系统集成方式进行定义。

（2）系统定制开发

这一阶段最重要的是明确MES系统所需功能定制的模块，从而避免引起不必要的返工问题。在定制开发过程中，应严格按照MES系统项目计划执行，准备基础数据，搭建网络、服务器等系统运行的基础环境，待定制并测试完成后，就可以进行现场调试。值得一提的是，MES系统的研发需要考虑系统研发标准以及界面风格是否统一，注意细节设计。

（3）MES系统实施阶段

主要工作是做好数据迁移和系统验证工作，并配合企业用户制定和发布需要的制度和规范，其中要特别注重知识转移，加强内部培训，提高员工对MES软件的认知和操作水平。对于MES系统内部功能涉及的返工问题，都需要全盘考虑，充分测试，以减少关联BUG的出现，实施MES系统时还要注意切勿贪大求全，应优先实施能有效提升效能的部分。

（4）系统试运行阶段

MES系统上线前，相关部门应参与全系统集成试运行，这样才能有效理解MES系统中，各个数据、流程、功能之间的集成关系，找出错误与不足，并提出解决方案。

3.8.4　生产管理调度

智能生产是多个相互独立生产单元协调配合，在目标明确的情况下完成某个生产任务。期间各个生产单元的过程监控、任务协调都需要通过管理调度系统来完成。其采用可视化技术，实现对生产状态的实时掌控，快速处理生产过程中常见的延期交货、物料短缺、设备故障、人员缺勤等各种异常情形，解决制造过程中的各类异常，保证生产有序进行。它不仅能对下发生产任务订单进行过程监控，还能查看生产订单的完成工序，同时能够实现设备监控，并在该系统中完成设备维护维修管理，并实现定期的信息提示。

在智能生产线中，电子看板系统（指挥中心）是企业实现生产智能化、即时化、可视化的重要手段，也是MES系统的重要组成，在生产应用中发挥了多重功效。智能化车间依靠电子看板及时向外反馈生产活动、物料状态、现场设备状态、品质等各类信息，消除了各层人员间的信息不对等，如图3-14。管理层能随时掌握生产线上所有状况，车间主管能了解生产线上的作业情况。设备维护人员能够及时掌握设备的运行状况，工程师可以根据品质状况调整工艺，仓管人员可预知用料情况、避免缺料。电子看板系统能够帮助提升企业管理水平，有效改善车间的效益与效能。

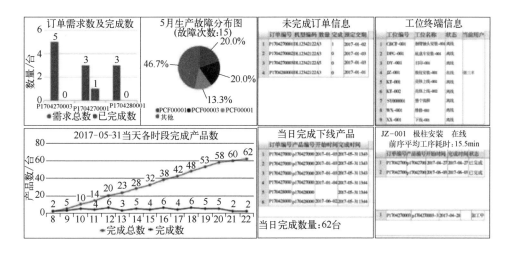

图3-14 电子看板系统内容

首先是传递生产与运送指令。现有的生产方式是集中制定月度生产计划，而MES将每日生产指令下达至最后一道工序，其他工序的生产指令通过看板传达。后一道程序在需要的时候，通过电子看板系统向前一道工序领取所需生产的物料，同时也相当于向前一道工序发出了在必需的时候生产出必要数量的必要零部件的生产指令，防止过量生产及过量运输。电子看板在各工序间周转，从而将取料和生产的时间、数量、品种等信息，从生产过程的下游传递到上游，将相对独立的工序个体，连接为一个有机整体，为企业的准时化管理提供了支持，帮助企业消除多余库存，减少仓储成本，提高库存资金周转率。其次是调节生产均衡。由于生产无法按照计划百分百执行，月生产量的不均衡以及日生产量的改动都需要通过车间电子看板系统进行微调。电子看板相当于工序间、部门间、物流间的联络神经，意义重大。其三是改善机能。电子看板系统是生产系统自我完善的控制手段，它控制着这种完善过程的进度与幅度。一般来说，生产系统在运行过程中经常会出现设计时没能考虑到的问题，如设备能力不匹配，工序设计、设备布置不合理，而电子看板系统能将这些问题逐一暴露出来，从而采取相应对策解决这些问题。

Chapter 4

第4章

智能生产线的总体设计

　　智能生产线的设计规划是一项复杂的系统性工程，它是建设条件、投资、人员配置、环保处理、物流、信息化等各方面综合因素统筹规划的过程，需要综合考虑机械、电气、土建、软件等综合因素。同时，在设计时将产线仿真技术与产线规划设计良好地结合在一起，能极大提升产线设计建设的效率和成功率。在产线建设完成后，为产线集成制造管理系统，采用先进的控制、总线、通信和信息技术，协调各个物流设备及工艺设备运转，采集工艺生产信息，按照企业的需求完成指定货物的有序、快速、准确、高效的物流运转作业，从而提升企业的自动化程度，使产线真正做到自动化、数字化乃至智能化。具体来说，实施效果主要从以下几方面体现出来：

　　① 生产过程可控。制造信息采集透明、生产现场可视化、物料消耗均衡、生产作业高效。

　　② 业务流程规范。规范各种管理控制流程。

　　③ 质量信息跟踪。对各层管理人员提供数据支持，了解产线的实时状况，对产品进行质量追溯，并进行数据分析及成本测算。

　　④ 精益闭环管理。通过数字化和智能化打通端到端的业务流程，实现精益价值流和闭环管理。

　　⑤ 设备合理维护。通过设备联网和数据采集分析，减少故障时间，改善设备利用率。

4.1

智能生产线的总体设计要求及原则

　　企业在进行新工厂规划时，需要充分考虑各种安全隐患。随着企业应用越来越多的智能装备和控制系统，并实现设备联网，建立整个工厂的智能工厂系统，安全隐患和风险也会迅速提高，现在已出现了专门攻击工业自动化系统的病毒。因此，企业在做智能工厂规划时，也必须将工业安全作为一个专门的领域进行规划。在厂房设计时，还应当思考如何降低噪声，如何能够便于设备灵活调整布局，多层厂房如何进行物流输送等问题。

4.1.1　智能生产线的总体设计要求

　　由于智能生产线资金投入高，各工厂对其有较高的心理预期，所以其总体要求会根据使用方的客观需求而变化。由于侧重点不同，无法做到统一，所以以下为综合归纳的一些总体设计要求：

① 智能生产线的设计满足生产纲领及节拍要求，设备故障率低于正常水平。产线发生异常、故障、缺料时有声光报警，并在显示屏上显示报警详细内容和处理方法。

② 智能生产线应安全、噪声低、防电晕，达到国家规定的安全环保及噪声标准各项指标，如机械安全防护符合GB/T 30574—2021，设备安全防护符合GB/T 17454.2—2017，化学药品安全防护符合GB 16483—2008，超声波、加热棒处采用阻燃电缆，符合阻燃和耐火电线电缆通则GB/T 19666—2019等。运行过程中不得给人体带来如噪声、辐射等负面影响。生产线的安全包括设备的安全及员工的安全，对于可能的潜在危险，应设立围栏、安全报警装置等安防设施和消防设备，如机械臂、机器人、立体库及库前线等大型运输系统；提升机、升降机等裸露的传送系统必须加装安全防护栏、联动光栅式感应装置及警示标语。光栅式、感应式等安全防护装置应设置自身故障报警装置。机械手夹具必须具备自锁装置，并设有截止阀，确保在系统突然出现漏气、断气时，夹具不会松开，避免现场坠物导致砸伤等安全事故发生。

③ AGV在与站台、自动门、电梯等设施进行联动的场合，要系统地考虑联动因素，使其运动相互协调，与AGV的运行联锁。安全防护装置应与设备运转联锁，保证安全防护装置起作用之前设备停止运转。安全防护装置应结构简单、布局合理，不得有锐利的边缘和凸起。安全防护装置应具有足够的可靠性，在规定的寿命期限内有足够的强度、刚度、稳定性、耐腐蚀性、抗疲劳性，以确保安全。当无保护措施时，应该提供技术指导和培训。在操作人员完全符合设备操作规程的情况下，安全事故率应为零。

④ 智能生产线应环保和节能，尽可能使用循环再利用材料和选用能源消耗低的设备（包括电能和气源的消耗），避免在生产过程中产生有害物质和有毒气体等污染源。

⑤ 智能生产线尽可能实现混线生产，采用多种防错设计技术，保证产品质量。在主控界面预设各品种的生产程序（以下把生产程序称为"配方"），每种"配方"对应一种产品，能随时添加、删除、编辑"配方"。

⑥ 智能生产线的物料配送方式及路线科学合理，生产过程应保证产品或物料的转移、旋转稳定精准速度快。对于输送线，应在任何位置员工都可以实现紧急停止操作；紧急按钮或拉绳开关位置需合理，开关带锁。

⑦ 生产线的设备布局合理，与现场的管道、线路、设备、基建、消防设施无干涉。各设备衔接自然、顺畅，符合人机工程学要求，充分考虑人工操作便捷性。

⑧ 智能生产线体有照明、气管、控制线、工艺看板等辅助设施的桁架，线体和设备内部管路及电气线路排布整齐、美观、牢靠、不裸露；产线手动状态下

必须方便操作，工站需要手动操作时，动作部件必须在操作者清晰视野范围内；设置多个触摸屏。

⑨ 智能生产线具备一定的抗干扰能力，信息传递迅速，各机器设备互联程度高，而且具有一定的人工智能的分析判断能力。

⑩ 作业过程中的气密测试数据、拧紧枪的拧紧数据、电阻和电压测试数据等各项检测数据全部记录和保存在服务器内，可对作业数据进行追溯核对，并有异常报警功能。

4.1.2 智能生产线的总体设计原则

智能生产线相较于传统的自动化生产线，具有先进或者超前的设计理念。智能生产线的定位是：高度自动化，高度智能化，高精度生产，高可靠性，先进而稳定的控制系统和管理系统。因此其设计应遵循以下原则：

① 先进性原则。整个系统的设计方案具有先进的设计思想和设计理念，并且须符合采购方的整体布局。

② 平衡性原则。生产线上各工序的生产能力是平衡的、成比例的，不允许瓶颈的存在，生产所需物料配送必须按节拍准时、准量、合格地配送到位。

③ 可靠性原则。硬件和软件平台具有良好容错能力和高可靠性；生产系统内各机械装置具备异常检测功能；当系统突然停电时，生产系统具有记忆关键设备的状态的功能；生产系统部分设备发生故障且短时无法恢复正常的，能实现故障隔离，不影响生产系统的整体运行。

④ 实用性原则。所设计系统应该能够满足采购方的生产需求。所设计的系统应支持采购方的业务拓展、产能提高，并留有一定的软件扩充能力，同时考虑二期的硬件及软件预留。

⑤ 高效性原则。所设计的系统能够安全、稳定、高效地完成所需要的工作，并对采购方的需求即时响应。

⑥ 集成性原则。所设计的系统应提供通用的程序接口，能够与ERP（企业资源计划）系统、MES（制造执行）系统、设备控制系统、RF系统等进行无缝连接，以完成相应的数据自动传输。

⑦ 兼容性原则。整线柔性制造，具有一定的适应性。在更换少量工装夹具的情况下，可方便地实现其他同类型产品生产。

⑧ 维护便捷性原则。转移环节少、占地面积少、输送路径清晰流畅；机器人和机械手装置采用伺服驱动及气动控制技术，性能可靠，技术成熟，无故障连续使用时间长，维护简单。

⑨ 安全性原则。所设计的系统应安全可靠，安全报警、安全防护措施设计

全面合理，配置安全围栏及必要的检修过梯（确保各区域能进出）。

4.1.3 智能生产线的总体设计和实施应达到的目标

（1）提高劳动生产率

提供劳动生产率是评价加工过程智能化是否优于常规生产的基本标准，而最大生产率是建立在产品制造单件时间最少和劳动量最小的基础上的。

（2）稳定和提高产品质量

产品质量的好坏是评价产品本身和自动加工系统是否具有使用价值的重要标准。产品质量的稳定和提高是建立在自动加工、自动检验、自动调节、自动适应控制和自动装配水平的基础上的。

（3）降低产品成本和提高经济效益

产品成本的降低，不仅能减轻用户的负担，而且能提高产品的市场竞争力；而经济效益的增加才能使工厂获得更多的利润，积累资金和扩大再生产。

（4）改善劳动条件和实现文明生产

采用自动化加工必须符合减轻工人劳动强度、改善职工劳动条件，实现文明生产和安全生产的标准。

（5）适应多品种生产的可变性及提高工艺适应性程度

4.2

智能生产线的总体设计流程

智能生产线开发分为6个阶段，主要为售前和获得项目、工程设计、采购和生产、装配、安装和售后服务，如图4-1所示。

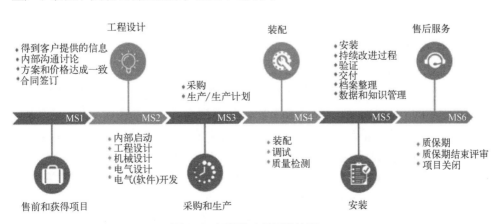

图4-1 智能生产线开发流程

　　智能生产线的线体一般较大，工程设计工作量繁重，这时会根据工艺流程划分多个工作站（设计单元），由多人参与设计完成，以此来加快设计进度，减轻设计工程师的压力。但是由于人员的能力水平参差不齐，对线体功能的理解各有特色，所以侧重点各有不同。这就需要有全局统筹决策的主设计师秉承严谨、细致、全面的态度，掌控线体的整体设计思路，并且按照设计流程，如图4-2，有序推进线体设计工作。

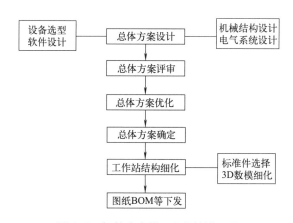

图4-2　智能生产线工程设计流程图

（1）总体方案设计

　　总体方案设计时要考虑产品的装配工艺，满足要求的生产节拍，同时还要考虑输送系统与各专机和机器人之间在结构与控制方面的衔接，通过工序与节拍优化，使生产线的结构最简单、效率最高、获得最佳的性价比，因此总体方案设计的质量至关重要，需要在对产品的装配工艺流程进行充分研究的基础上进行。而且还要对产品的结构、使用功能及性能、装配工艺要求、工件的姿态方向、工艺方法、工艺流程、要求的生产节拍、生产线布置场地要求等深入研究，必要时可对产品的原工艺流程进行调整，然后确定各工序的先后次序、工艺方法、各工位节拍时间、各工位占用空间尺寸、输送线方式及主要尺寸、工件在物送线上的分隔与挡停、工件的换向与变位等。随着国家环保治理要求的提高，各地方政府均对企业建设提出了高标准的环保要求，因此在生产线整体设计时不能重点考虑主线功能，除尘、废弃物排放等设计放在后期补充进行，这样设计的效果非常不佳，并且管道的不合理布局极大破坏了车间的整体性。因此在工艺方案以及装备总体方案设计阶段就需要从专业角度统筹考虑辅助设施的设计。总体方案设计的具体步骤如下：

　　① 与客户深入交流，挖掘需求。

　　通过与客户的交流，了解企业智能化生产线的总体规划，调研该生产线建线关键要素，如人员、节拍、安全、质量等因素。

② 实地现场考察。

参观现场，了解目前生产线的情况，如设备使用状况、设计原理、使用效果、故障率、故障原因、维修难度等。通过走访工艺人员，划分产品种类、了解工艺作用、梳理工艺流程、记录关键工位及其注意点；通过走访操作人员了解工艺细节、设备操作难度及工艺完成难度、往期设备使用问题、设备失败原因。现场调研结束后进行风险评估，风险评估分为以下几个层面：

a. 生产线设计是否难度大，有没有比较难以实现功能的复杂工位或是无法达到客户预期的工艺要求。

b. 分析产品数量，以最大产量产品为基准进行规划，同时根据产品种类分析产线是否需要兼容多种产品，调研不同产品生产切换频率。在切换生产产品时，是否有大量工装需要更换，更换方式是否需要无人化。是否存在混线生产的情况，并考虑混线生产对自动化产线的设计影响。

c. 生产线由上游供应的原料和产品是否无法达到自动化条件，是否可以协商修改。

d. 某些复杂工位非标研发成本是否过高、风险过大且不可复制，无法投向市场。

e. 生产的产品是否会发生危险，比如易燃易爆，在生产过程中是否会对人员造成身体损伤。

f. 企业对于生产合格率的要求，若产品为军品，是否需要达到百分百合格率，不良品进行返修或报废时如何进行流转，根据目前生产不良品率计算不良品暂存区容量。

g. 生产时对环境的要求，例如是否需要控制厂房温度和湿度，是否有有害气体产生、需要进行排放，危险品生产人员与逃生门之间的距离是否符合标准要求，逃离路线上是否有设备干扰等。

③ 初步工艺规划、初步产线规划。

整理企业目前人工工艺流程，将其转化为适应自动化线的工艺流程，并以此为基础，初步规划产线布局、物流流转方式、设备摆放位置。

④ 工艺设备研发。

通过了解产品生产工艺，整理相关工艺设备，将设备分为三个类型：采购设备、改造设备和非标设备。对采购设备筛选厂家，了解设备参数是否能达到使用要求，选定相关型号，记录采购周期；对改造型设备采集原厂设备信息，了解相关接口兼容性，确定改造难度及风险；非标设备通过调研目前人工工作方式，设计初步方案，与客户沟通后确认方案原理。做设备内部机械结构细化、各类结构件选型时，有必要的设备需要进行运动仿真模拟。

⑤ 详细工艺规划、详细产线规划。

将采购及研发的工艺设备与初步产线规划相结合，根据设备瓶颈工艺能力及节拍限制，反向论证产线规划合理化程度，将二维产线三维化，将相关物流设备及工艺设备数模导入产线三维数模中，对不合理部分进行优化。

⑥ 制作过程流程图。

制作过程流程图，为过程流程提供合理的图示化参考，并作为PFMEA的控制计划、设备布局的基础等。

⑦ 生产线厂房平面布置。根据立项报告要求，针对加工的产品技术要求和前期的论证方案，做出新的生产线厂房布置图，包括生产线平面布局尺寸和占地面积、办公面积、物料储存、环境设施布局、照明等。

⑧ 产线仿真、虚拟调试。进行产线物流仿真，测试物流模拟可靠性，对工艺较为复杂，节拍较高的产线进行整体节拍运算，合理规划日生产物料及成品吞吐量，必要工位进行虚拟电气调试。

（2）总体方案评审

由产线制作方内部工程人员组成审核组，对方案进行审核，审核内容包括：设备可行性评估、设备成本评估、设备生产效率的评估、各部分结构可行性评估。

（3）总体方案优化

对初次方案审核中讨论出的问题进行整改。

（4）总体方案确定

生产线设计方案交给客户，组织第三方评审，客户根据需求对方案进行最后确定。

（5）工作站结构细化

在客户对方案审核的问题点的基础上进行深入优化，并对结构的运行姿态做最后的模拟验证。

（6）图纸BOM等下发

由工程部安排工程师进行机构设计，作出机器装配图、零件图（零件标注按国家标准），选出执行元器件、电控配件，并列出加工零件清单、标准件请购单、动作说明书。

4.3
智能生产线的总体设计

在智能生产线的总体设计阶段首先要明确建线目标，从市场趋势、生产情况、工厂现状等出发，确定智能生产线应能达到的目标，如考虑哪些产品有生产需求，生产纲领为大批量还是中小批量，服务对象是零件加工还是零件装配，生产节拍、生产效率、制造成本需要有多大的改善等。明确目标后需深入分析生产状态，然后对采用什么设备、零件及工装夹具的存储、输送方式以及整体布局等情况有基本认识。总体设计过程中必须考虑设备使用的所有材料的相关物理、化学特性，避免一切可能产生危险的诱因，并按以下步骤进行。

（1）确定生产节拍

智能产线的节拍就是顺序生产两件相同制品之间的时间间隔，可以反映智能产线生产率的高低，是智能产线最重要的工作参数。在生产线的设计过程中需要对各个工位进行节拍分析并整合小节拍工位，对自动化生产线中的瓶颈工位予以消除，减少自动化生产线设计中的冗余工序环节，提高生产效率。生产节拍主要由工艺操作时间和辅助作业时间所组成，在设计生产线生产节拍时要首先对生产线的平衡率进行一定的设计计算。在完成了生产线平衡率计算的基础上再对生产线节拍进行计算，这是由于生产线中节拍最长的工位将会对其他工位的运行产生较为严重的限制，因此，智能生产线中的生产节拍主要是由生产线运行过程中运行时间最长的工位节拍所决定的。对最长工位进行分析以确定是否能缩短其运行时间从而有效减少节拍瓶颈，是保持各工位的运行节拍均衡的有效办法。

（2）确定智能物流单元

智能生产线中常见的物流输送手段主要有输送带、RGV、AGV小车、工业机器人等，它们有各自的适用场景，因此在设备选定前，需从物料通畅、性能、界面、访问方式等方面综合考虑。一般棱体类零件多放置于托盘，由自动小车运输；对回转体零件，多由机器人实现搬运；而对于工夹具的运输，传送带则更具优势。

（3）组织工序同期化和确定工艺布局图

智能产线的节拍确定以后，要根据节拍来调节工艺过程，采取各种技术提高设备的机械化、自动化水平，减少作业时间，使各道工序的时间与智能产线的节拍相等或成整数倍比例关系，这个工作称为工序同期化。工序同期化是组织智能产线的必要条件，也是提高设备负荷和劳动生产率、缩短生产周期的重要方法。以上工作完成后，需要依照现场的实际情况来对各工位的位置进行合理的布局并绘制成图，从而将各工位有序地串联或并联成一个有机的整体。

（4）确定现场总线的组网形式

控制系统是智能生产线的核心中枢，现场总线是现今工业自动化生产中进行现场通信的主要通信手段，同时使用现场总线将生产线中各个独立的控制单元模块进行链接以实现对自动化生产线的控制。生产线的控制系统主要由上位机和主、从站构建，从站主要将本站"功能完成"信号和本站"功能准备好"信号传输至主站，主站通过与上位机进行信息交换来按照工艺流程对整个生产线进行启停控制。在主、从站控制设备的选择上主要采用PLC来作为现场工作站的主控制器，并通过现场总线将各控制器构建成一个控制网络以实现对自动化生产线的控制。

（5）确定企业生产管理平台

车间级管理平台由控制车间/工厂进行生产的系统所构成，主要包括制造执行系统（MES）及产品生命周期管理软件（PLM）等。企业级管理平台由企业的生产计划、采购管理、销售管理、人员管理、财务管理等信息化系统所构成，实现企业生产的整体管控，主要包括企业资源计划（ERP）系统、供应链管理（SCM）系统和客户关系管理（CRM）系统等。

总体方案确定后就可以进行详细设计了。详细设计阶段包括机械结构设计和电气控制系统设计。详细设计阶段耗时最长、工作量最大的工作为机械结构设计，包括各专机结构设计和输送系统的设计。设计图纸包括装配图、部件图、零件图、气动回路图、气动系统动作步骤图、标准件清单、外购件清单、机加工清单等。由于目前自动机械行业产业分工高度专业化，因此在机械结构设计方面，通常并不是全部的结构都自行设计制造，例如输送线经常采用整体外包的形式，委托专门生产输送线的企业设计制造，部分特殊的专用设备，如机器人也直接向专业制造商订购，然后进行系统集成，这样可以充分发挥企业的核心优势和竞争力。从这种意义上讲，自动化生产线设计实际上是一项对各种工艺技术和装配产品进行系统集成的工作，核心技术是系统集成技术。

4.4

智能生产线总体机械设计

智能生产线总体机械设计应该实现预期的功能要求，不仅要满足经济性要求、寿命和可靠性要求，还要符合劳动保护和环境的要求。在设计的过程中，要正确设计或选用能够全面实现功能要求的执行机构、传动机构、原动机。还要按照人机工程学的观点，使机器的使用简便可靠，减轻使用者的劳动强度，同时设置完善的安全防护及保全装置、报警装置等，使所设计的机器符合劳动保护法规的要求，改善机器及操作者周围的工作环境。对于特殊的设备，还要求对零部件进行可靠的分析与评估。

4.4.1　机械安全要求

总体机械设计应充分考虑工艺操作及安全生产所需要的启停、急停、控制、联动、保护等方面的要求，确保生产的连续、流畅、均衡。机械安全要求如下：

① 机械设备和工装各部分的设计应满足CE认证相关规范。

② 现场有机械设备移动的危险区域要有危险标识。

③ 机械设备要采取必要的安全技术保障，即使在压力突然下降，气动、液压系统突然中断动力，控制切断或者断电等极端情况下，自动工位上的设备、夹具以及工件的位置必须能保持不动。

④ 机械设备动力中断后重新恢复，需手动确认设备才能恢复运动。

⑤ 设备如有皮带、外露齿轮、联轴器、链条等容易造成人身危险的机械部件，应设有安全防护装置，防护装置由金属制成，非金属制作应先获得甲方确认，并且便于拆卸或移动。

⑥ 机械设备具有机械锁紧与限位装置，防止在检修过程中因电、气的关停原因造成机械及人员的伤害。

⑦ 电机及其附属装置增设防护罩，特殊环境（潮湿、高温等）应有特殊的安全防护措施。

⑧ 机械设备底座稳固，避免出现振动、抖动从而引发安全故障。

⑨ 保证人可能触及的地方（设备、线缆托架、安全防护装置、操作箱等）无划伤、触电、挤压、卷入的危险。

⑩ 避免弧光对人造成烫伤、辐射伤害，设置阻燃或不可燃防护屏等安全措施。

⑪ 对于金属烟尘和有害气体的防护，根据不同的工艺场所选择合理的防护措施。

⑫ 充分考虑人机工程学原则，在工作区域不应有任何突出的棱角。应保证脚、身体和腿部位置有必要的自由空间。相关工作台、设备操作、工具拾取应充分考虑便利性及安全性。

4.4.2　机械设计一般要求

① 所有易损件最好不应有配作的螺钉孔和销孔，并保证所提供的易损备件的互换性。

② 电缆和软管的安装既不能限制运动，也不能导致磨损。

③ 线管、水管、气管分开走线，不得混用线架。线架的规格大小必须有

30%的预留空间。

④ 顶尖、V形块、定位块等须设磨损极限标识槽。

⑤ 开关阀根据使用情况挂上常开或常闭的明示牌。

⑥ 有标准件的或者是校正装置的需要设置标准件或者校正件的放置处。

⑦ 所有运动部件运动灵活、润滑良好、配合滑移面处必须有防尘装置。

⑧ 夹具与设备的连接、定位元件与夹具体的连接必须有可靠的定位装置以作为品种交换的基准。

⑨ 链条、皮带等传动应设置张紧器。

⑩ 直线导轨行程在300mm以上时需要安装强制润滑。

⑪ 需要标明链条、皮带的旋转方向。

⑫ 对于部分直线滑块的加油嘴较难加油的，必须采用硬管将加油口引出。

⑬ 电机、减速器的安装位置应保证能很容易进行更换、加油作业。

⑭ 所有运动部位（如带传动、链传动、齿轮传动等）必须加装防护装置，并在防护装置上装警示牌，经常打开的保护装置应由保护开关控制。

⑮ 高热的部件必须加装防护装置，并在防护装置上装警示牌。

⑯ 禁止活动部件与金属直接接触摩擦（包括设备与产品之间），若不能避免，必须采用隔离处理。

⑰ 与产品接触部件尽量采用非金属，且应具备较强的耐磨性。

⑱ 与产品接触发生相对移动时，尽量采用滚动接触。

⑲ 所有螺栓的安装位置须留有对应扳手的旋转活动空间。否则，需配备专用工具1套/台。

⑳ 螺钉、螺母、垫片、弹簧垫片需与被紧固件主体颜色一致。

㉑ 真空管道接口处需增加单向阀，防止错误接入压缩空气。

㉒ 外露易撞仪表需安装防护罩。

㉓ 仪器仪表的显示屏放置位置需要跟设备的主操作位置一致，不得隐藏到设备电控箱内部等不易被观察到的位置。

㉔ 随机配置的标准件、仪器仪表等需要提供出厂校验报告或第三方校验报告。如绝缘电阻测试仪、内阻仪、电子秤、流量计、压力计等。

㉕ 指针式压力表需要使用红、绿、黄三种颜色的表盘，绿色标识正常压力范围，方便可视化操作。

㉖ 2000W以上功率的电动机需选用有2级或1级能效标识的，禁止使用没有能效标识的电动机。

㉗ 用来固定焊接件的螺栓，用 8.8 级以上强度。

4.4.3 材料选型一般要求

① 尽量使用非金属材料，若非金属材料无法满足要求，优先选用不锈钢SUS304。

② 产品传输路线上方不允许有金属摩擦，如夹具传输运动、链条链轮传动部件等，以避免碎屑、油污、灰尘掉落。

③ 若部件无法避免金属粉尘产生，应对其进行隔离并设计实现便于清理。销、衬套、基准衬套夹紧器等消耗品应该确保交换后，精度很容易调整或者无须调整。

④ 设备金属部件必须采用防锈处理。

⑤ 结构材料优先采用铝材、不锈钢或电镀防腐蚀材料。

⑥ 操作人员接触的区域尽量采用非金属材料或者包裹非金属材料。

4.4.4 制造装配要求

① 设备在安装、调试后无油漆脱落，无铁、铜、镍、锌金属直接外漏，无生锈刮伤痕迹。

② 设备的零部件应在未出货前完成焊接，避免打磨等给环境造成污染的过程。

4.4.5 气动系统要求

① 每一台设备或独立装置的气动回路上，都应装有气动三联件（分水滤气器、减压阀、油雾器）及进气阀门。精密仪器的进气口前要求增加干燥器。

② 当设备总停时，要能实现自动排气。排空后，设备的任何部分都不应留有压力。并且还需要在总入口端安装手动排气阀。

③ 所有的排气部位应装有消声器，排气口要远离操作者。对于排气量较大的需要加装油雾收集器，不能直接排放在大气中。

④ 设备应标识好使用压力范围。

⑤ 压力表需要标明使用的压力范围（绿色标识）。

⑥ 压力表全部采用kPa或MPa表示。

⑦ 真空管进气口须安装单向阀。

⑧ 装配后应在 1.5 倍工作压力下进行试验，不得漏气。

⑨ 活塞杆前端需要设置浮动结构，以保证活塞杆不承受径向力。

⑩ 需要断电保持的气缸需要选用带锁气缸，垂直悬挂的都必须设置带锁气缸。

⑪ 长行程气缸［行程大于100mm以上（含）］控制电磁阀要求采用带中位机能的电磁阀，气缸进出气路上增加手动残压排放阀，确保在异常情况下能快速排除气缸内压力。

⑫ 在气缸动作端安装缓冲器时，需要将缓冲器安装在活塞杆的中心。

⑬ 配管固定部位采用硬管，移动部位采用软管。

⑭ 各管路需要做好标识，每一个气管都应该有编号，同图纸上一一对应。

⑮ 各软管应无扭曲，移动时不能与周边地方干涉。

⑯ 电磁阀需要带动作指示灯。

⑰ 原则上需要采用一阀控制一执行元件。

⑱ 各控制元件都必须安装标牌，标识内容包含输入输出点和名称。

⑲ 对于一些设备由于断电后设备内部气压全部排空的，再次通电时会导致设备误动作的，还应在设备气源前端设置缓慢气压建立装置。

⑳ 气管颜色及文字标识："真空管"——无色透明，"压缩气管"——黑色，"高压管"——红色，文字标识贴于设备部件、管道接口处。

㉑ 气源三联件优先立式布置在主机架内，柜外有标识，方便柜外操作、观察。布置在控制柜外时，须有防撞、保护装置。压力表有低压检测、报警功能。

4.5

智能生产线的总体电气设计

智能生产线总体电气设计比较复杂，主要分为电和气两部分。在设计时，电控工程师需要深入现场一线进行调查研究，收集资料。如果是大型的新制产线，由于缺乏相应的成熟案例，这就需要依靠电控工程师的扎实基本功和积累的经验。在项目进行的过程中，工程师还要与生产过程相关人员、机械部分设计人员，实际操作者密切配合，明确控制要求，共同拟定电气控制方案，协同解决设计中的各种问题，使设计成果最大限度地满足生产机械和生产工艺对电气控制的要求。在满足控制要求的前提下，设计方案力求简单、经济、合理，确保控制系统安全可靠地工作，同时考虑技术进步、造型美观。在气动控制设计时，要注意考虑工位的举升、转动等因素。在自动化生产线中，进行气动原理图设计时，要学会充分利用工作站运行原理，避免气动系统由于断气或其他因素而中断或停止。悬挂的物体无推力支撑后会因重力下坠造成事故，解决方法是加上控制单向阀，用这种办法可以避免出现更大的灾难，从而降低企业的损失。

智能生产线总体电气设计的工作流程如下：

① 拟定电气设计任务书。

② 确定电力拖动方案和控制方案。

③ 设计电气原理图。

④ 选择电机、电气元件，并制定电气元件明细表。

⑤ 设计操作台、电控柜及非标电气元件。

⑥ 设计电气设备布置总图、电气安装图以及电气接线图。

⑦ 编写电气说明书和使用操作说明书。

4.5.1　电气总体设计要求

(1) 一般安全要求

① 线体符合GB 19517—2009《国家电气设备安全技术规范》、GB/T 3797—2016《电气控制设备》、GB 50169—2016《电气装置安装工程接地装置施工及验收规范》等电气设备安全标准。

② 设备的电压、频率和电流等电气相关参数符合设备使用地的要求。

③ 电气设备的设计应符合CE认证中的相关要求，应避免因电气原因对人造成伤害。

④ 与身体易触及的带电设备要采取绝缘、隔断等可靠的防护措施。

⑤ 对易产生过电压危害的电力系统采取避雷针、避雷线、避雷器、保护间隙等过电压保护。

⑥ 现场应用电气设备的底座、金属外壳、电机、变压器、开关器具、照明设备应进行接地，保证各个接线点接触良好，电绝缘外套无破损。

⑦ 在电气设备系统和有关的工作场所装设安全标志。根据特殊电气设备的特性和要求采用特殊的安全措施。

⑧ 远程 I/O 模块、阀岛、线路连接头等需符合防护要求，如增设透明隔离套、金属盖等以实现防水、防尘、防碰撞。现场应用的感应开关、电磁阀、RFID 等安装需考虑工艺性及操作性，避免受到碰撞而失效。

⑨ 触发安全装置能够使机器立即停止，重新启动设备要求独立的手动操作复位，手动复位装置的安装位置要求在危险区域外部，在机器复位前确保操作人员有良好的视野。

⑩ 急停按钮可以串联，每个急停按钮有独立的诊断信号。

(2) 电压的一般设计要求

① 控制柜电源接入按TN-S或TN-C-S系统设计。

② 控制回路电压统一按DC24V设计。

③ 动力回路按三相AC380V设计，特殊情况可以使用单相AC220V。

④ 控制柜照明、风扇、空调可以按单相AC220V设计回路。

⑤ 其他需要特别电源供电的设备，可以使用电源转换装置供电。

（3）配线的一般设计要求

除特殊说明外，控制柜内所有导线使用RV软线，电缆采用RVV软电缆，对电缆有屏蔽要求的，需使用屏蔽电缆。所有配线的连接需使用压线端子。尤其是保护性连接电路，须连接可靠，防止意外松脱。接地线严格要求一端子仅配接一导线。接线端子一个连接点只能连接一根导线。元器件的一个连接点最多只可连接两个端子，特殊设计的端子才可压接两条导线。配线根据元器件或端子的连接点位置就近引入到线槽，不可横越过端子或元器件本体。导线或电缆线的配线须整条线完整，不可有接合或中间接点。

（4）操作元件的一般设计要求

① 操作人员站立操作的触摸屏垂直安装时，触摸屏中心比操作人员站立的地面高（1500±50)mm。

② 位于操作中心位置的按钮中心离操作人员站立地面高度（1200±200)mm。

③ 触摸屏的操作面与水平面的夹角需在30°~90°的范围内，不可仰视操作，如图4-3所示。

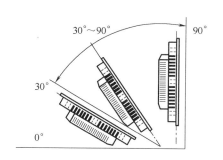

图4-3　触摸屏的安装角度范围

④ 按钮的操作面与水平面的夹角需在0°~90°的范围内，不可仰视操作。

⑤ 所有操作元件，包括主开关、操作屏、按钮的极限操作位置需保持在离操作人员站立的地面600~1800mm的高度范围内。

（5）操作件和指示灯的颜色（见表4-1）

（6）机器控制安全设计

① 操作面板或操作盒上需设计紧急停止按钮。开关按下时，驱动电源断开，设备保持在当前位置。急停按钮带自锁。急停按钮复位后，必须按复位或重新启动按钮，设备才能开始运行。紧急停止按钮需配保护罩，防止误操作。尺寸较大设备，需在合适位置多设置急停按钮。如图4-4所示为急停按钮和防护罩。

◎ 表4-1　操作件和指示灯的颜色含义

操作件颜色的一般含义			指示灯颜色的一般含义		
颜色	含义	解释	颜色	含义	解释
白色,灰色,黑色	非特定	启动功能	白色	中性	对使用绿色、红色、蓝色还是黄色有疑问时使用
绿色	安全	在安全操作期间制动或为了建立正常状态	绿色	正常状态	
红色	紧急情况	在危险状态下或紧急情况下制动	红色	紧急情况	危险状态,通过立即行动回应
蓝色	指示	在需要强制行动的状态下制动	蓝色	强制	显示需要操作人员强制行动的状态
黄色	异常	在异常状态下制动	黄色	异常	异常状态,即将到来的危急状态

图4-4　急停按钮和防护罩

② 机器运动部分的防护需要使用安全门锁开关、安全传感器或安全光栅。安全门须具备联锁功能。机器人或运动机构的防护区域设置安全门开关,安全门打开时,设备不可动作。只有安全门开关在闭合状态,设备才能在自动模式下运行。如图4-5所示为安全门锁开关/安全传感器/安全光栅。

图4-5　安全门锁开关/安全传感器/安全光栅

4.5.2 电路设计

（1）电气设备保护电路的设计

用于对变频器、三相电机进行过载、过热保护的元器件，必须避免出现单相断开而导致缺相的情况。不可使用熔断器等可能导致缺相的保护器件。变频器前端避免使用漏电保护器。直接用工频电源驱动的电机，需要对每台电机单独进行过载保护。

（2）机械安全保护电路的设计

设备机械安全保护电路的设计应遵循能源完全锁止准则，即当紧急停止或安全回路断开后，设备动力源为可靠断开状态。紧急停止控制回路和安全控制回路需使用安全继电器或安全控制器，输入/输出采用双回路设计，安全完整性等级需符合GB 28526—2012中条款A.2.6关于SIL分配的要求。通常不低SIL2。

各个安全门锁开关、安全光栅、双手按钮需单独使用安全继电器或独立的安全输入通道作为信号监控单元。紧急停止开关、安全传感器如串联使用，每个紧急停止开关（或安全传感器）须有单独给到PLC输入点的反馈信号，作为状态显示和报警指示信号。如具体项目技术要求中对急停或安全传感器连接有特别要求的，则按项目要求处理。安全门锁开关通过安全继电器的辅助触点给 PLC 输入点提供反馈信号。

（3）与安全相关的关断

各受安全装置保护的工作区域或设备内的相关执行元件，其电源供给回路需受对应的安全装置控制。安全回路断开时，执行元件电源需断开，或符合其他安全相关标准。I/O模块安全关断的接线示例如图4-6~图4-8所示。

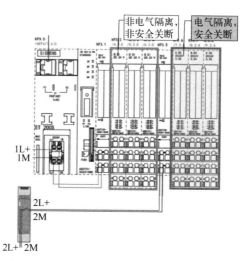

图4-6 I/O模块安全关断回路的设计（一）

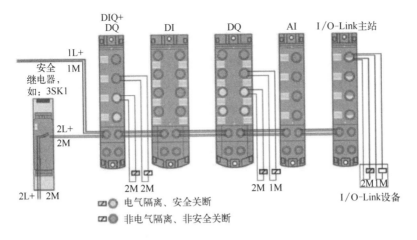

图4-7　I/O模块安全关断回路的设计（二）

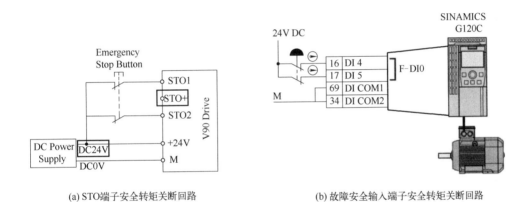

(a) STO端子安全转矩关断回路　　　　　　　(b) 故障安全输入端子安全转矩关断回路

图4-8　变频器/伺服驱动器安全转矩关断（STO）接线实例

（4）电气连接方式

① 根据设备或区域I/O信号的分布状况合理布置远程I/O从站模块，I/O点数超过32点的设备或部位，需布置远程I/O从站。

② 避免将超过27芯的多芯电缆用于设备之间I/O信号的连接。两台设备之间，同一电压或信号类别的连接避免采用多根多芯电缆。安全互锁回路及与第三方设备的信号连接除外。

③ 远程I/O模块的安装需满足IP54以上的防护等级。如I/O模块防护等级不能满足此要求，需将I/O模块安装于满足防护要求的电气箱。

④ 通过多芯电缆直接连接的I/O信号优先使用分线盒，分线盒防护等级不低于IP65。

（5）电线电缆

① 控制柜内电线及颜色。

控制柜内电线统一使用RV软线。按照GB 5226.1—2019标准的建议，控制柜内配线颜色遵循以下原则：

- 黑色：交流及直流电力电路；

- 红色：交流控制电路；

- 蓝色：直流控制电路；

- 橙色：主开关之前的电源线或外部电源供电的联锁控制电路；

- 浅蓝色：仅可用于中性线；

- 黄+绿色：仅可用于接地线。

② 控制柜内/外电缆的选型。

a. 电缆颜色：电缆外护套选用灰色。线芯使用黑色护套，白色数字编码。线芯小于$0.5mm^2$的多芯电缆可以采用彩色编码。

b. 固定安装控制信号电缆：RVV非屏蔽软电缆。

c. 拖链安装控制信号电缆：TRVV非屏蔽拖链电缆。

d. RS232/485/422通信电缆：RVVSP双绞屏蔽软电缆。

e. 工频电机连接电缆：KVVR 非屏蔽软电缆。

f. 变频电机的动力电缆：KVVRP 屏蔽软电缆。

g. 现场总线电缆：需采用颜色/结构符合对应总线标准的专用电缆。基于以太网的现场总线，不可使用普通以太网线。

（6）设备编号规范

① 设备标识符。设备标识符参照 GB/T 5094.2—2018标准建议，见表4-2。

◇ 表4-2　设备标识符

设备类型	代码	设备类型	代码	设备类型	代码
接近开关	B	PLC模块	KF	变压器	T
光电开关	B	触摸屏	KF	变频器	TA
限位开关	B	交换机/耦合器	A	伺服驱动器	TA
按钮	S	主开关	Q	开关电源	TB
指示灯	P	断路器	Q	端子	X
照明灯	EA	电机保护器	Q	插头	XD
冷却风扇/空调	EC	接触器	QA	电缆	W
保险丝	F	电磁阀线圈	KH	传感器电缆	W
微型断路器	F	阀岛	KH	总线电缆	WF
继电器	K	电机	M	光纤	WH

② 设备编号。完整的设备标识号表示为：高层代号+位置号+设备编号。设备编号采用顺序编号，最多不超过两位数字。一般情况下，设备编号数字从1开始。在同一控制柜内或机器本体的设备编号不能重复。不同位置号内的可以使用相同的编号。控制柜内设备标号一般原则见表4-3。

◈ 表4-3　设备编号

计数号	设备	计数号	设备	计数号	设备
Q-主开关/断路器/电机保护器					
1	主开关				
2	开关电源保护				
F-微型断路器					
01	Q1前-柜内照明	11	DC24V	31	柜外-AC220/380V
02	Q1前-维修插座	12	DC24V	32	柜外-AC220/380V
…		13	DC24V	…	柜外-AC220/380V
09	Q1前-AC220/380V	…	DC24V	39	柜外-AC220/380V
1	Q1后-AC220/380V	19	DC24V		
2	Q1后-AC220/380V	21	UPS 24V		
…	Q1后-AC220/380V	22	UPS 24V		
9	Q1后-AC220/380V	…	UPS 24V		
KF-PLC模块					
0.0	主站CPU模块	1.0	柜内从站模块		
0.1	主站I/O模块	1.1	柜内从站模块		
0.2	主站I/O模块	1.2	柜内从站模块		
…	主站模块	…	柜内从站模块		
0.9	主站模块	1.9			
A-通信模块					
1	交换机	10	耦合器		
2	交换机	11	耦合器		
3	交换机	12	耦合器		

传感器/执行器设备编号的规则

传感器/执行器的设备编号通常成组成对出现，例如与气缸控制相关的设备，包含电磁阀和检测开关通常是成组出现，气缸的工作位置和原点位置为成对出现。为便于识别，对应同一功能的传感器与执行器通常采用相同的数字编号，成对出现的两个状态的对应电磁阀线圈标识号用KHn.0和KHn.1来标识，检测开关的标识号用Bn.0和Bn.1标识。x.0对应工作位置WP，x.1对应原点位置HP。对于一个电磁阀对应多个气缸的情况，气缸位置传感器的标识号按Bn.2/Bn.3、Bn.4/Bn.5的规则排列。

Chapter 5

——

第5章

——

新能源汽车锂电池智能生产线设计

全球新一轮的科技革命和产业变革正如火如荼地展开，而汽车也在能源、交通、信息通信等多个领域有关技术的推动下快速发展。电动化、网联化、智能化将成为汽车产业发展的主要趋势和潮流。新能源汽车融汇新能源、新材料和互联网、大数据、人工智能等多种变革性技术，推动汽车从单纯交通工具向移动智能终端、储能单元和数字空间转变，带动能源、交通、信息通信基础设施改造升级，促进能源消费结构优化、交通体系和城市运行智能化水平提升，对建设清洁美丽世界、构建人类命运共同体具有重要意义。

随着世界主要汽车大国纷纷加强战略谋划、强化政策支持，跨国汽车企业加大研发投入、完善产业布局，新能源汽车已成为全球汽车产业转型发展的主要方向和促进世界经济持续增长的重要引擎。

我国新能源汽车行业正在迅猛发展，新能源动力电池是新能源汽车的三大核心技术之一，一直占据着新能源车成本30%以上，直接决定了新能源汽车的发展水平和方向，其品质直接决定了整车性能。目前，我国动力电池的主流是锂离子电池，并广泛应用磷酸铁锂电池，其整体水平已步入国际前列。汽车主要零部件如图5-1所示。

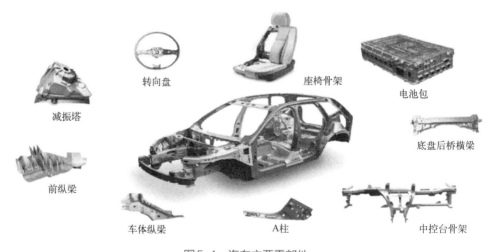

图5-1 汽车主要零部件

5.1

新能源汽车主要动力电池介绍

在我国市场，排名靠前的动力电池企业有宁德时代、比亚迪、LG化学、中航锂电、国轩高科、松下、亿纬锂能、瑞浦能源、力神电池、孚能科技等。这些电池企业各有所长，主攻的电池方向都有所侧重，所以在市场上有多种门类。比如新能源动力电池按照是否需要充电，分为蓄电池和燃料电池。蓄电池主要应用于纯电动汽车、混合动力汽车、插电混合动力汽车，燃料电池主要应用于燃料电池汽车。根据不同的材料类型可以分为：铅酸蓄电池、镍镉蓄电池、镍氢蓄电池、铁镍蓄电池、钠氯化镍蓄电池、银锌蓄电池、钠硫蓄电池、锂蓄电池、空气蓄电池（锌空气蓄电池、铝空气蓄电池）、燃料电池、太阳能蓄电池、超容量电容器、飞轮电池、钠硫电池等。以下是主流电池的具体介绍。

（1）铅酸蓄电池

铅酸蓄电池的电极材料为铅及其氧化物，电解液是硫酸溶液，所以因此得名。铅酸蓄电池自1859年由普兰特发明以来，至今已有150多年的历史，技术十分成熟，是全球使用最广泛的化学电源。它具有电流放电性能强、电压特性平稳、温度适用范围广、单体电池容量大、安全性高和原材料丰富且可再生利用、价格低廉等一系列优势，在绝大多数传统领域和一些新兴的应用领域占据着牢固的地位。但是它的缺点也十分明显，比如比能量、比功率和能量密度低，使用寿命短，日常维护频繁。以此为动力源的电动车不可能拥有良好的车速及续航里程。

（2）镍氢电池和镍镉电池

镍氢电池和镍镉电池的阳极材料均为$Ni(OH)_2$，负极材料分别为金属氢氧化物和镉化合物。这两种电池性能优于铅酸蓄电池。相较于镍镉电池，镍氢动力电池刚刚进入成熟期，是目前混合动力汽车所用电池体系中唯一被实际验证并被商业化、规模化的电池体系，现有混合动力电池99%的市场份额为镍氢动力电池，商业化的代表是丰田的普锐斯。利用镍氢电池可短时间进行充放电过程。当汽车行驶时，发电机组所发的电可储存在车载的镍氢电池中，当车低速行驶时，一般而言会比汽车高速行驶工作状态耗费更多的车用汽油，因此为了节省车用汽油，这时还可以利用车载的镍氢电池驱动电动机来取代燃气轮机运行，如此一来既保证了汽车正常驾驶，又合理节省了车用汽油。国内镍氢电池在汽车上的运用仍处于研发匹配阶段。镍镉电池容量小，含有重金属，使用遗弃后对环境会造成污染，因此镍镉电池是最低档的电池。

（3）锂离子电池

传统的铅酸蓄电池、镍镉电池和镍氢电池本身技术比较成熟，但它们用在汽车上作为动力电池或多或少存在一定的问题。目前，越来越多的汽车厂家选择采用锂电池作为新能源汽车的动力电池。高性能、低成本的新型锂离子电池将是新能源汽车动力系统开发工作获取成功的方向。新型锂离子动力电池采用高电压高容量正极材料、高容量负极材料和高压电解液替代现有锂离子电池材料，电池成本、比能量和能量密度将具有明显优势，能够大幅度提升新能源汽车经济性和使用的便利性。根据工信部数据，我国电动汽车动力电池装机以磷酸铁锂电池和三元锂电池为主，占比分别54%和40%。三元锂电池和磷酸铁锂电池在乘用车和商用车领域占主导，目前乘用车电池以三元锂电池为主，商用车电池以磷酸铁锂电池为主。但是这两种锂电池都存在一定的缺点，导致动力电池乃至整车在使用中存在若干问题。磷酸铁锂电池最大的特点是安全性好，其内部分子在750~800℃的高温下才会发生分解，故在面临撞击、短路等恶劣情况时发生着火乃至爆炸的概率大大降低；但其最大的缺点是有明显的热衰减现象，低温环境时其充放电能力和电池自身容量均大幅度降低。而三元锂电池具有高能量密度的优点，其能量密度达到了280Wh/kg；但其热稳定性比较差，在温度达到200℃时电池内部材料便开始分解，故搭载三元锂电池的车辆在发生碰撞时极易引发火灾和爆炸等二次伤害。

（4）燃料电池

简单地说，燃料电池（fuel cell）是一种将存在于燃料与氧化剂中的化学能直接转化为电能的发电装置。燃料和空气分别送进燃料电池，电就被奇妙地生产出来。它从外表上看有正负极和电解质等，像一个蓄电池，但实质上它不能"储电"，而是一个"发电厂"。目前氢燃料电池是未来最具竞争力的汽车动力电池。它的工作原理是：将氢气送到负极，经过催化剂（铂）的作用，氢分子中两个电子被分离出来，这两个电子在正极的吸引下移动，外部电路产生电流，失去电子的氢离子（质子）可穿过质子交换膜（即固体电解质），在正极与氧原子和电子重新结合为水。由于氧可以从空气中获得，只要不断给负极供应氢，并及时把水带走，燃料电池就可以不断地提供电能。

相较于锂电池，氢燃料电池的主要材料是氢气，容易制备。其着火点为500℃，远高于汽油的300℃，另外氢气是密度最低的物质，即使泄漏，在空气中也很容易向上扩散并迅速稀释，所以氢气并非大家想的那样易燃易爆。氢燃料电池的放电只是一个电化学过程，电池的内部根本就不会发生燃烧，当然也就不会有火苗。储氢瓶其安全性更是有保障。这种瓶子不仅耐得住火烧、枪击，碰到车辆着火，只要储氢瓶的温度超过设计值，储氢瓶的阀门会自动开启，迅速排出氢气。早在2008年的北京奥运会期间，福田与清华大学共同研制的氢燃料电池客车就开始示范运行，到了2016年，国内首条氢能源公交线路在佛山市投入使用，至今未有一例氢燃料电池车的安全事故。

5.2

新能源汽车动力电池包

5.2.1　新能源汽车常见的电池包结构分类

新能源电池包的主要作用是给汽车提供动力，其一般布置在汽车地板中部，如图5-2。目前市场上分为可拆卸式电池包和车身一体式电池包。可拆卸式电池包就是可直接换电池的，如同早前的可换电池的手机。一体式电池包就是将电池包外壳与车架融为一体。根据动力电池对新能源汽车提供动力的方案不同，其电池包的尺寸、重量、规格也不同。

根据新能源汽车的车型，电池包结构大致分为以下几类：

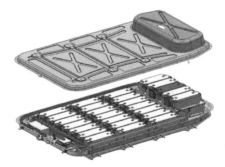

图5-2　某车型电池包

（1）油电混合动力汽车电池包

油电混合动力的汽车（HEV）无法用充电桩进行直接充电，只能通过发动机或者能量回收的方式进行充电。针对油电混合动力汽车的特点，其所配备的电池包仅在起步、加速、制动等特殊阶段辅助发动机进行工作，因此其电池包相对体积较小，质量也较轻。目前市场上的油电混合动力汽车电芯多为镍氢电池，冷却系统也相对简单，常采用自然通风冷却装置进行冷却，其体积不大，车内空间基本可以满足布置需求，因此，常将其放置于座椅后面的后备箱位置，这样有利于生产装配，同时也方便日常维护和检修。

（2）插电混合动力汽车电池包

插电混合动力汽车（PHEV）在电池满电的情况下优先采用纯电的动力模式起步，此时它就像一个纯电动车一样，而当我们急加速时，发动机也会介入，同电机一起驱动车轮，给人的加速感受也更好，整体加速能力接近于纯电动车。它的电池包容量较大，电池包的体积也较大，很多车型把电池包设计在地板下方中夹通道。插电混合动力电池内部一致性很重要，其发热较高，须采用水冷循环的方式冷却，还需要增加防护功能，防止涉水、碰撞等带来的安全隐患。

（3）纯电动汽车电池包

纯电动汽车（BEV）完全依靠电池包内的能量来行驶，因此它的电池包体积很大，一般布置在车身的地板下方，前悬架和后悬架之间，而且它的电池包质量很大，约占整车质量的1/3，部分车型达到1/2，因此电池包的装配质量稳定性对整车性能有重要的影响。

5.2.2　新能源汽车锂电池包

当多个电芯（cell）被同一个外壳框架封装在一起，并通过统一的接口与外部进行联系时，就组成了一个模组（module）。当数个模组被BMS和热管理系统共同控制或管理起来后，这个统一的整体就叫作电池包（pack）。

（1）电芯

电芯是动力电池的最小组成单元，也是电能存储单元，它必须要有较高的能量密度，以尽可能多地存储电能，使电动汽车拥有更远的续航里程。除此之外，电芯的寿命也是最为关键的因素，任何一颗电芯的损坏，都会导致整个电池包的损坏。电芯分为铝壳电芯、软包电芯（又称"聚合物电芯"）、圆柱电芯三种。铝壳电芯的各个零部件组成如图5-3所示，主要包括顶盖、壳体、电芯，其中电芯置于壳体的内部，壳体的上端具有开口，电池顶盖则封闭在壳体上端的开口，通过激光焊接组成一个密封的整体。

图5-3　某铝壳电芯

（2）模组

模组是电芯经由串并联方式组合，再加上起到汇集电流、收集数据、固定保护电芯等作用的辅助结构件形成，如保护线路板和外壳，可以直接提供电能。它是介于电芯单体与电池包的中间储能单元，是组成动力电池系统的次级结构之一。一般情况下，它是由电芯、钢带、加热膜、PET带、端板、极柱保护座、绝缘罩、包棉、极耳、FPC、上盖缓冲泡棉、模组上盖组成。对于大多数Pack企业和主机厂而言，电芯要实现整车装机，电芯成组是第一步，性能优异、成本适中、兼容性强以及标准化的模组，较容易得到大规模运用推广。基于电芯类型的不同，电芯成组存在较大的差异，典型模组如图5-4。

(a) 方形硬壳模组　　　　　　　(b) 软包模组　　　　　　　　(c) 圆柱模组

图5-4　电池模组

电池模组的特点见表5-1。

◇ **表5-1　电池模组的特点**

序号	电芯类型	重量集成度	能量密度	集成成本	安全性	标准化程度
1	硬壳方形电芯	电芯重量占比85%~90%	中	原材料成本 制造成本	防热失控 抗挤压	高
2	软包电芯	电芯占比80%~85%	高	产线投资	高低压短路	低
3	圆柱电芯	电芯占比90%以上	高	可维修性	防振动	低

（3）电池包

在纯电动汽车中，动力电池包作为汽车唯一的动力来源，其电能的高低决定了电动汽车的行驶里程。我们以图5-5为例，该电动车的动力电池包一共由96个

 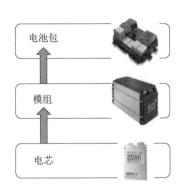

图5-5　某动力电池包

电芯组成，每12个电芯组成一个模组，一共是有8个模组。

5.3

新能源汽车锂电芯顶盖智能生产线设计

5.3.1 锂电芯生产工艺流程

锂电池电芯的生产流程一般分为前段、中段和后段三部分。其中，前段工序包括浆料搅拌、涂布、辊压、分切等，中段工序包括卷绕/叠片、封装、烘干与注液等，后段主要为化成、分容等。

① 浆料搅拌。使用真空搅拌机，并加入专用溶剂、黏结剂和混合粉末状的正负极活性物质，经过高速搅拌均匀后，制成完全没有气泡的均匀浆状正负极物质。

② 涂布。将搅拌好的浆状正负极活性材料以一定的速度均匀涂覆到金属箔的上下面。涂布前的金属箔薄如蝉翼，一般分为铜箔和铝箔，也就是正、负极极片材料。涂布至关重要，需要保证极片厚度和重量一致，否则会影响电池的一致性。涂布还必须确保没有颗粒、杂物、粉尘等混入极片。否则，将导致电池自放电过快甚至安全隐患。

③ 辊压。当浆状的正负极活性材料均匀覆盖在金属箔上后，表面比较蓬松。此时需要辊压机通过上下两辊相向运行产生的压力，对极片的涂布表面进行挤压加工，极片受到高压作用，由原来蓬松状态变成密实状态，辊压对能量密度的影响相当明显。

④ 分切。将辊压好的电极带按照不同电池型号切成所需的长度和宽度。

⑤ 卷绕/叠片。分切好的电极片以卷绕的方式组合形成裸电芯。

⑥ 封装。卷绕好的裸电芯将被自动分选配对，之后再经过极耳焊接、折极耳、装配顶支架、热熔Mylar、入壳、壳体焊接等工序，裸电芯就拥有了坚硬的外壳。

⑦ 烘干与注液。电池烘烤工序是为了使电池内部水分达标，确保电池在整个寿命周期内具有良好的性能。注液就是往烘焙后的电芯内注入电解液。电解液就像电芯身体里流动的血液，能量的交换就是带电离子的交换。这些带电离子从电解液中运输过去，到达另一电极，完成充放电过程。

⑧ 化成。通过充放电方式，将电池内部正负极物质激活，使得电池充电活化。

⑨ 分容。在化成之后，对电池进行充放电循环并检测电池各项参数，根据测量参数对电池进行配组。

5.3.2　锂电芯顶盖装配工艺流程

顶盖是锂电芯的重要组成部分，其既能够通过与铝壳焊接后使内外环境隔绝起到密封作用，也能够连接内外电路，把电池内部电流通过顶盖极柱输送到外部。它能够保证动力电池使用的安全性，具有防过压、防爆、防过流的作用。其结构主要由保护膜、铆接块、正负极上塑胶、陶瓷粒、防爆片、顶盖片、正负极下塑胶、密封圈、正负极柱等组成。如图5-6所示为某电芯顶盖结构，本书锂电芯顶盖智能生产线以此顶盖结构展开叙述。

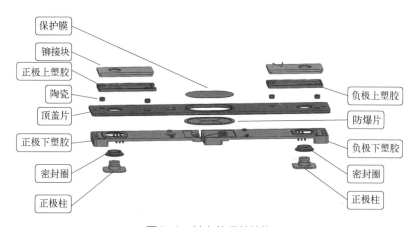

图5-6　某电芯顶盖结构

锂电芯顶盖属于总装体，由大概16个子零件组成，其工艺流程相对较复杂。各工序都需要严格控制装配公差，来保证总装的精度。其生产线的主要设备包括防爆阀组装焊接设备、中段组装设备、超声波-极柱焊接设备、氦检设备、电阻检测设备等，按工艺流程的布置，可分前、中、后三段。具体详见图5-7。

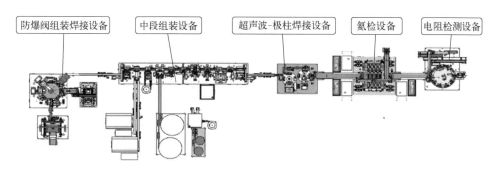

图5-7　电芯顶盖生产线

5.3.3 防爆阀组装焊接设备

防爆阀组装焊接设备主要由防爆阀片上料机、顶盖片上料机和防爆阀片焊接设备组成，见图5-8。

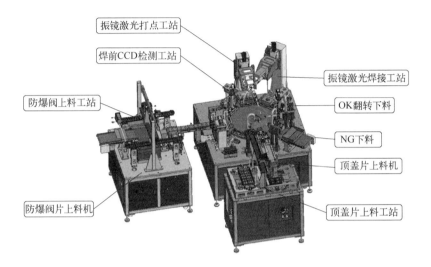

图5-8 防爆阀组装焊接设备

（1）防爆阀片上料机

防爆阀片上料机采用柔性供料器，通过不同频率的振动，使防爆阀片在盘里翻滚，由于防爆阀片质轻，翻滚后会出现不同的姿态，有孤立的，有重叠的。经过几秒时间振动后，CCD视觉相机开始捕捉防爆阀片的位置，并识别正反面。经过分析对比识别目标后，泡棉吸盘通过模组移动到具体位置吸住防爆片，然后与吸盘直连的直流电机开始旋转，调整防爆阀片的位置。经过图像对比，防爆阀片的位置基本已经确定。下一步就是将防爆阀片放入同步带中，步进电机或伺服电机带动同步带转动，由于防爆阀片上料需要通过PPU机构，所以要设定一定的距离。同步带需要设置光电传感器来给电机提供停和动的信号。上料机具体结构与工艺流程如图5-9所示。

（2）顶盖片上料机

顶盖片上料无法通过直振或者盘振的方式完成，属于非常规上料，要通过移载机构。首先，顶盖片需要被人工整齐摆放在料框中。料框放置在上料区，此上料区在设备的上方，基于搬运的便利性，上料区也可放置在下方。气缸将料框推至取料区后，必须有二次定位机构将其位置进行修正，提高取料的精准度。皮带

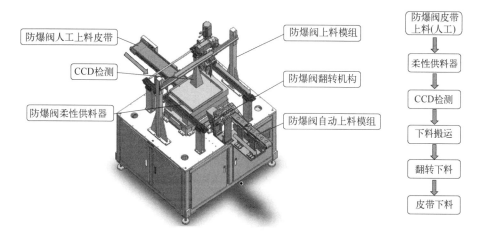

图5-9　防爆阀片上料机和工艺流程

模组带动取料夹爪抓取顶盖片开始送料，此夹爪上有气孔，当到达异常收料盒时，吹出的气体将顶盖片抛出。顶盖片需要甄别正反面，所以有CCD相机拍摄。当取料完成，料框通过垂直排杆电机降至输送带上，调速电机带动输送带将料框转移至取料位。具体流程如图5-10所示。

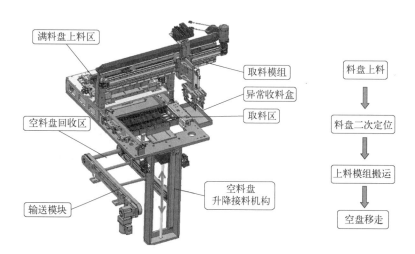

图5-10　顶盖片上料机和工艺流程

（3）防爆阀片焊接设备

防爆阀片的焊接是前段设备的重中之重，焊接质量直接关系到后工序的组装。当防爆阀片通过PPU机构搬运到顶盖中后，会出现放不稳、偏移的问题，此时需要通过振动器将防爆阀片精确放置在槽中，防止分割器带动转盘，速度过大，将防爆阀片甩出。取三到四个点进行初次的激光点焊，对防爆阀进行初定位，防止跑偏，下一工位进行满焊，然后通过CCD视觉相机检测焊缝的宽度和焊接质量。如果NG（判定质量不合格），则通过吸盘将不合格品通过皮带流出。如果检测结构OK，则通过下料模组进入中段设备。防爆阀焊接设备和工艺流程见图5-11。

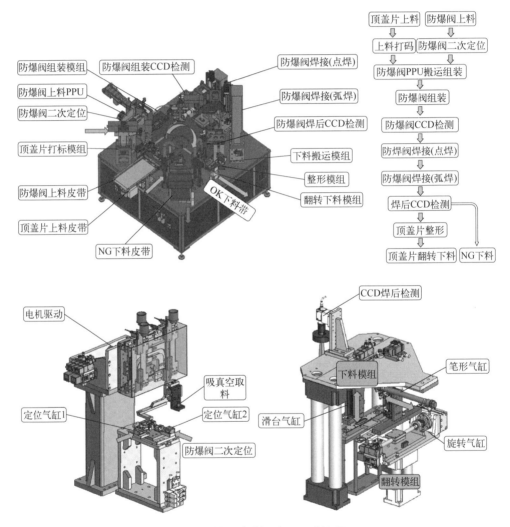

图5-11 防爆阀焊接设备和工艺流程

5.3.4 中段组装设备

中段组装是整个生产线的核心，是将多个产品组装成一个半成品的过程，如

图5-12所示。其中包含多项工艺，主要有顶盖片上料、极柱组装、密封圈组装、下塑胶组装、顶盖片组装、陶瓷及上塑胶组装、铝块组装、铆压极柱和产品下料。这些工序通过循环载具的规律移动来完成，当载具到达某个工位后，工位上的各种气缸、铆压机构、扫码枪开始工作，完成预定的动作。中段循环线体的结构精度对整体铆压影响较大，所以其自身可靠性、重复精准性特别重要，前期设计和装配加工过程要注重这些细节。

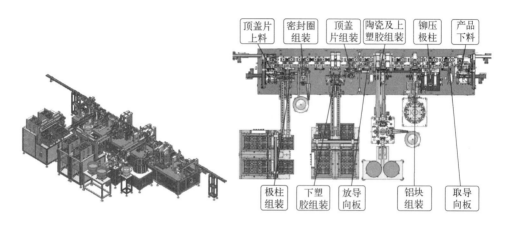

图5-12　中段组装设备

（1）中段设备循环线体

① 中段循环线体采用齿轮和滚轮带动载具回流。

如图5-13所示，载具上的齿条通过和滚轮啮合，实现前进。两个滚轮通过同步带连接，伺服电机驱动其中一个滚轮转动，从而带动另一个滚轮，这样的组合可以看作一个模组。当上层的9个模组同时转动的时候，载具就沿着滚轮的转动方向移动。当到达某个工站的时候，触发光电开关，伺服电机停止转动，载具就停止。上层的载具通过升降模组降至下层，从而实现循环。

② 中段循环线体采用丝杠和凸轮滚子推动载具回流。

如图5-14所示，伺服电机通过联轴器带动滚珠丝杠（导程10）旋转，滚珠丝杠上的凸轮通过直线运动推动载具在滑轨上移动。四套载具的中心距离相等，通过块连接成一个整体，当第一个载具移动到第二个载具的位置时，凸轮推到终点，然后凸轮立刻回到起点，完成一次往返运动。这样的循环使载具有规律地前进。当载具通过上下直线模组进入下层皮带线，皮带线上的载具通过与摩擦片接触实现流动。这种循环线体相较于齿条、滚轮和圆形导轨循环线体精度更可控，电气控制也较简单。

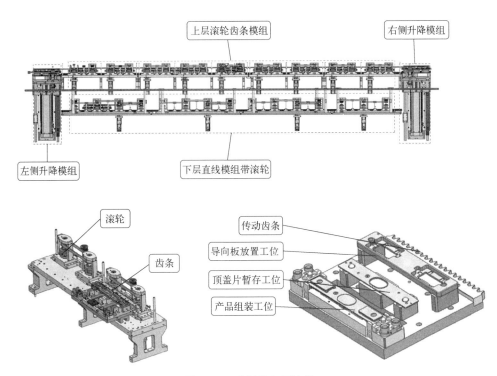

图5-13　齿轮齿条回流线

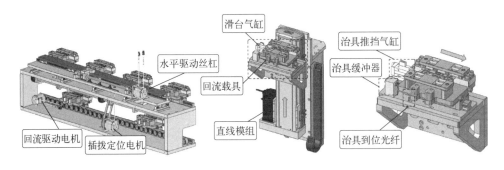

图5-14　丝杠+凸轮滚子拨动回流

（2）顶盖片工位上料

如图5-15所示，顶盖片通过皮带生产线进入中段设备，移载模组中的吸盘在气缸作用下吸取产品，然后进行激光扫码。

（3）极柱上料工位

如图5-16所示，人工将极柱料盘放入上料机，这种上料机可称为弹夹式上料机。当一盘料取完后，料盘会自动向上提升一格，类似于手枪的弹夹。当料盘进入取料工位后，直线模组带动吸盘模组将极柱吸附后放入皮带线中。皮带线上的极柱到达取料模组时，CCD视觉检测极柱的缺口实现防反。当发现料有异常时，旋转电机将极柱抓取，进行方向的纠正。

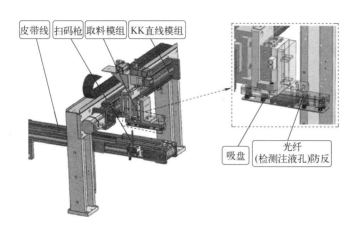

图5-15　顶盖片工位上料

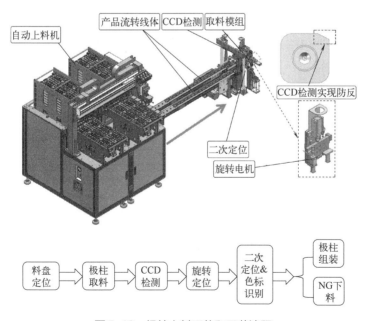

图5-16　极柱上料工位和工艺流程

（4）密封圈上料工位

如图5-17所示，密封圈进入振动盘后，通过筛选进入直振，分两个通道来到取料口。密封圈材质为橡胶，较为柔软，无法进行常规抓取。通过仿形吸嘴，可将密封圈送到工装内。工装上有来料检测和叠料检测。

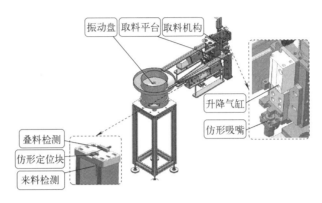

图5-17　密封圈上料工位

（5）下塑胶上料工位

如图5-18所示，下塑胶的上料方式和极柱上料机类似，通过模组的抓取，将塑胶片放入皮带线中。皮带上的塑胶片接触到挡位，两侧对射光电检测到来料，皮带线停止。吸盘将塑胶片放入工装，工装内的两侧气缸作用，对塑胶片进行二次精定位。此时的塑胶片为两种不同的产品，为了防止混料。在两种产品的不同地方选择了光纤检测。如果发现产品来料错误，则通过抓手将产品放入NG皮带线进行料的回收。

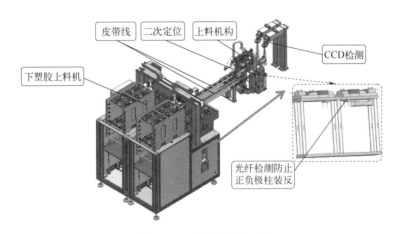

图5-18　下塑胶上料工位

（6）陶瓷与上塑胶组装工位

如图5-19所示，此单元是将陶瓷粒压入上塑胶中。陶瓷粒通过振动盘上料，经过规律的流动，吸盘将陶瓷粒放入旋转平台，分割器将运动方式定为四工位。每到一个工位，转盘转动90°。此四工位分为陶瓷上料、塑胶片上料、压合工位和下料工位。由于压合力有要求，故需要选择合适的气缸，避免因压力不够，陶瓷粒无法有效进入上塑胶内。

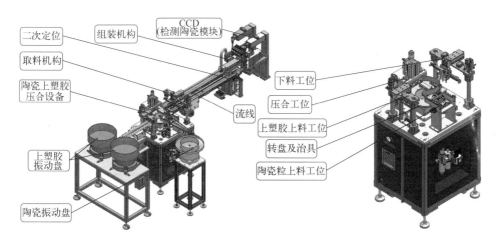

图5-19　陶瓷与上塑胶组装工位

（7）铝块组装工位

如图5-20所示，由于铝块相较于塑胶片、陶瓷粒较重，所以它的上料方式采用旋转加顶升气缸的方式。首先将铝块放入料仓中，一个转盘可放置多个料仓。DD电机带动料仓旋转，到取料位置时通过吸盘将铝块放入皮带线中。铝块通过移载机构放入工装中，两侧气缸对其进行二次精定位。然后通过位移传感器进行正反面的检测。

（8）极柱铆压工位

如图5-21所示，极柱铆压工位是中段的核心工位，铆压力不够或者铆压位置不对，产品整个组件的位置就会发生偏移，或者会产品松动。此工位采用伺服电缸，通过增力机构对极柱进行铆压，压力传感器可监控压紧力的大小，当达到预定值后，铆压结束。伺服电缸的优点是压紧力可控。另外，此铆压力值数据可直接进行存储，便于后期追溯。

（9）下料皮带线

当铆压完成后，半成品将通过皮带输送线传送到下一工站，此时的产品分为合格品和不合格品，不合格品会通过NG皮带线输送，如图5-22所示。输送线会预留一定的存储空间，当料满后会报警提示，便于人工处理。智能机器人大规模应用后，可采用智能机器人进行收集。

129

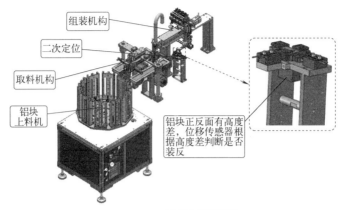

(a) 铝块组装工位

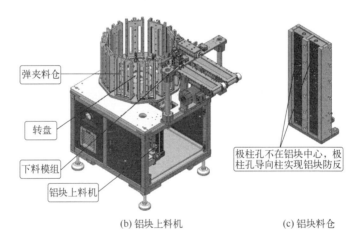

(b) 铝块上料机　　　　　(c) 铝块料仓

图5-20　铝块组装工位

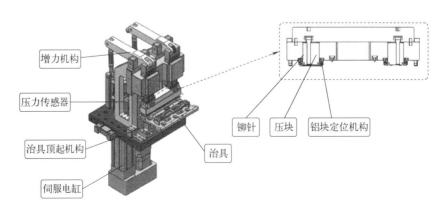

图5-21　极柱铆压工位

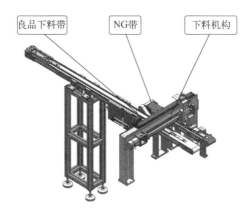

图5-22　下料带线

5.3.5　超声波-极柱焊接设备

如图5-23所示，塑胶片铆压后，还未进行固定，需要经过超声波焊接，将塑料加热后，融进顶盖片的孔中。来料经过定位后，被放入转盘中，转盘分为四工位，为上料位、超声波焊接、激光打标和下料位。然后进入下一个转盘，此转盘也分为四个工位，即上料位、焊后CCD视觉检测、产品整形位、翻转下料位。

5.3.6　氦检设备

如图5-24所示，氦气检测是对产品进行密封测试，将成品放入橡胶模中，在模内充氦气，氦气泄漏量是评价产品密封好坏的重要指标。氦气流量的大小、流动速度会影响质谱仪的检测结果，所以需要增加辅助泵。

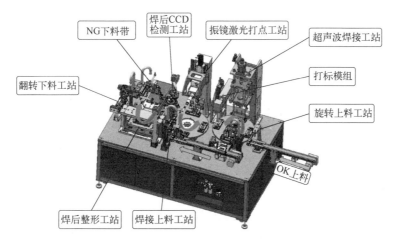

(a) 超声波-极柱焊接工作台

图5-23

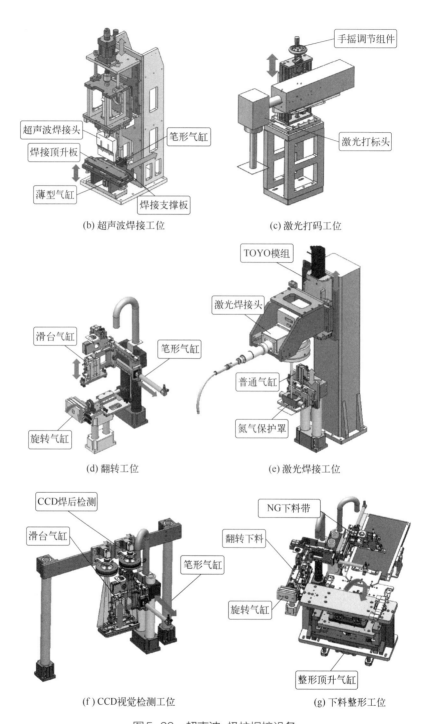

(b) 超声波焊接工位

(c) 激光打码工位

(d) 翻转工位

(e) 激光焊接工位

(f) CCD视觉检测工位

(g) 下料整形工位

图5-23 超声波-极柱焊接设备

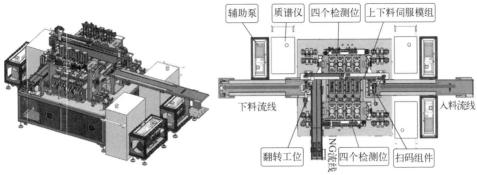

图5-24　氦检设备

5.3.7　电阻检测设备

如图5-25所示，产品密封性检测完成后，需要对产品进行电阻检测和贴膜，

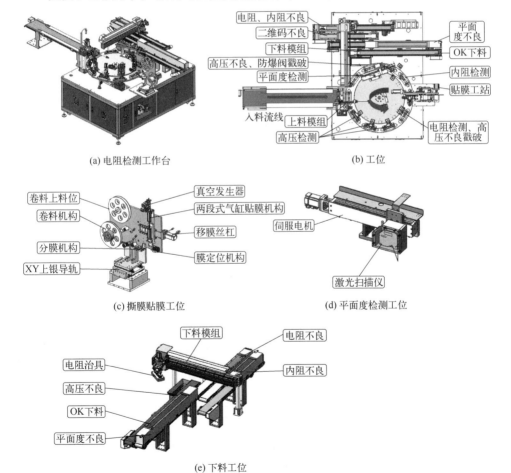

图5-25　电阻检测设备

并检测直线度。这一工站结束后，产品会直接进入下料箱。

5.4
新能源汽车锂电池模组智能生产线设计

5.4.1 新能源汽车锂电池模组智能生产线整线概述

电池模组主要对电芯起支撑、固定、连接和保护作用，它需要有足够的机械强度、电性能、散热性及故障处理能力。严苛的生产工艺和流程是保证电池模组质量的关键，以某方形硬壳模组生产为例，如图5-26、图5-27。电池模组智能生产线按照工艺划分为电芯预处理段、电芯堆叠段、模组焊接段和模组下线段。电芯预处理段由电芯上料、电芯扫码、OCV/IR测试、极性检测、电芯测厚、等离子清洗、电芯姿态调整、电芯贴硅胶垫等设备构成，电芯堆叠段由电芯堆叠、电芯保压、绝缘耐压测试、激光清洗等设备构成，模组焊接段由汇流排焊接、焊缝检测等设备构成，模组下线段由模组EOL测试、机器人下线工作站、模组尺寸检测及称重等设备构成。产线设备可兼容多组电芯，可设置不同的工艺配方满足多款串并联模组的生产，产线具备数据管理能力、生产订单处理能力，将生产数据记录、保存在产线MES系统中。

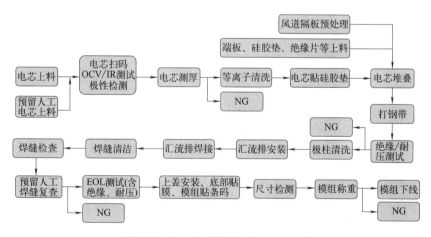

图5-26 某电池模组生产工艺流程图

各单元均采用模块化设计，单元间使用柔性连接的方式，安装便捷，还可独立工作。来料分单元传送，到位即停止，减少了产品与传送带的摩擦。此外，电芯的数量通过MES系统分配的订单来确认，并调用相应的焊接程序及参数进行

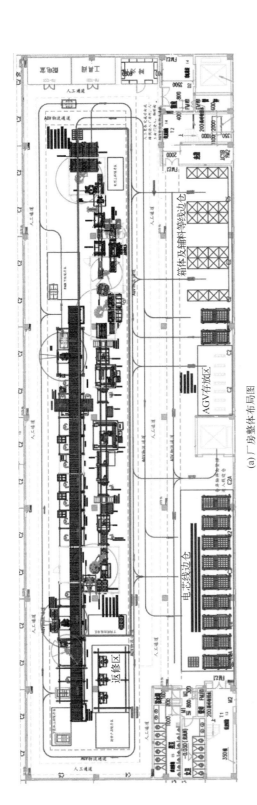

(a) 厂房整体布局图

(b) 产线布局

图5-27　厂房整体布局图和产线布局图

自动焊接；导入工业机器人，在增加了产线柔性化的同时，也适应市场需求，易更改模组形式、改造产线，可节约大量成本与时间。利用数据控制技术，连接生产组装过程中的各个独立工序，达到产品信息、设备参数、测试数据、生产报表与品质报表等数据的统一管理，实现对标准模块产品信息的追溯，并具有合理性、兼容性、智能化和人性化的四大优势。

（1）电池模组智能生产线整体要求

通常建议自动化产线安装在一楼，若在一楼之上则需要满足楼板厚度大于200mm，楼层承重大于1.2t/m²，楼层挑高大于3.5m的硬性要求。这主要是为了满足机器人以及其他专用设备的承重和活动需求，同时也能满足大的Pack箱体物料条件。其次，确定的产品参数和需要工艺流程越是具体，设备集成度量身定制的实用性越高。其他要求详见表5-2。

◇ 表5-2 设备产线及水电气整体要求

序号	名称	参数	说明
1	稼动率	≥85%（来料不良因素除外）	
2	产能节拍	≥6s/电芯(10PPM[①]，实际生产节拍，非设备因素影响除外)	
3	设备故障率	≤5%	
4	设备一次合格率	85%	返修后总体合格率≥99%
5	设备产能	≥10PPM	每分钟处理电池数量≥10
6	设备空运转速度	≥10PPM	
7	电源	电压三相五线380V，50Hz；电压波动小于±10%；电源功率约290kVA；额定电流440A；必须有接地线和缺相保护	
8	压缩空气	压力0.5~0.8MPa，流量2000L/min	
9	氮气用量	压力0.4MPa，纯度99.99%，流量40L/min	
10	真空用量	/	厂家自备真空发生源
11	工业冷却水	去离子水，消耗量约200L/6个月	

① PPM：Paper Per Minute，每分钟产出数量。

序号	名称	参数	说明
12	工作环境温度	25℃±5℃	
13	空气湿度	20%~85%RH	
14	楼面承载	≤700kgf/m²	地面平整，无振动
15	噪声	≤75dB	距离机器1m测量
16	人工位	≤9个(不含线外上料人员)	线上固定操作人员≤9人(采样线焊接2人，两线共用)
17	设备分段尺寸	长×宽×高<3000×2500×2500	额定电流445A，断路器规格3P/630A
18	设备运行计划	250天/年，2班，8h/班	

设备综合效率(O.E.E)：>90%。

设备稼动率≥98%。设备稼动率=(负荷时间-停机时间)/负荷时间。

每个单元直通率≥99.8%，整条线体的良品率≥99%。良品率=(投入数量-NG品)/投入数量。

关键工序CPK≥1.67，关键工序为除人工工位外的所有工位

（2）供电柜、电气及控制系统、MES控制方案总述

整线电气系统采用分布式安装，区域集中控制。整线分为2个PLC控制区域，各设备/单站之间通过远程I/O模块或智能从站与主PLC通信。对于复杂单站，配置独立的PLC控制器，复杂单站作为区域PLC的智能从站。各PLC控制器之间，以及PLC主站与远程从站之间采用PROFINET工业以太网通信。主PLC控制器通过可以独立设置IP地址的网口与MES系统通信。主控PLC负责区域范围内的设备和单站的运行控制、配方管理、数据采集/追踪，与MES通信，上传产品过程信息和设备状态信息，从MES系统取得产品生产指令。单站PLC或远程从站负责单站功能的实现，直接驱动电机/气缸等执行结构，并从传感器取得产品和设备的状态信息。控制系统分为信息层、自动层、设备层。信息层为MES系统，自动层为区域PLC控制器及主控HMI，设备层为各智能从站、机器人、工艺设备、定制机构等执行装置和设备。具体控制方案见图5-28。

① 电芯上料方式采取机器人自动上料或人工上料，来料可人工配送到指定位置，该工位作为预留工位。

② 电芯扫码识别正确率需达到100%。

③ 检测来料电芯的尺寸（电芯极柱长、宽、高）及重量，电芯测厚工装需配有压力传感器，压力≤4000N，厚度在设备上需要有明确显示，厚度区间参数可调。

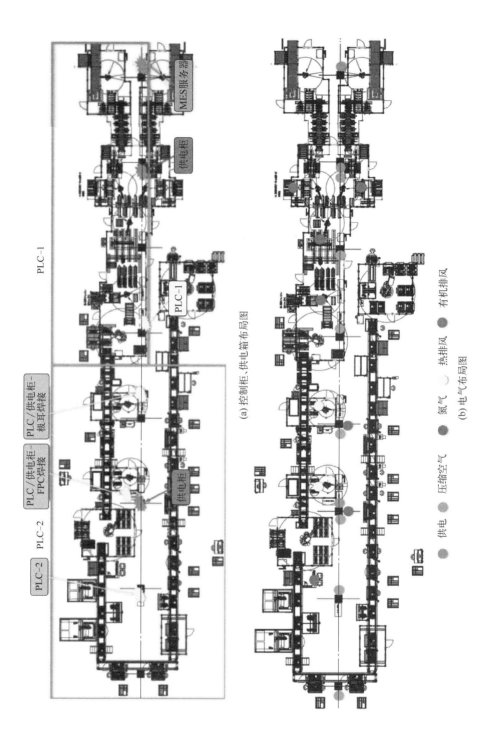

(a) 控制柜、供电箱布局图

(b) 电气布局图

● 供电　● 压缩空气　● 氮气　● 热排风　● 有机排风

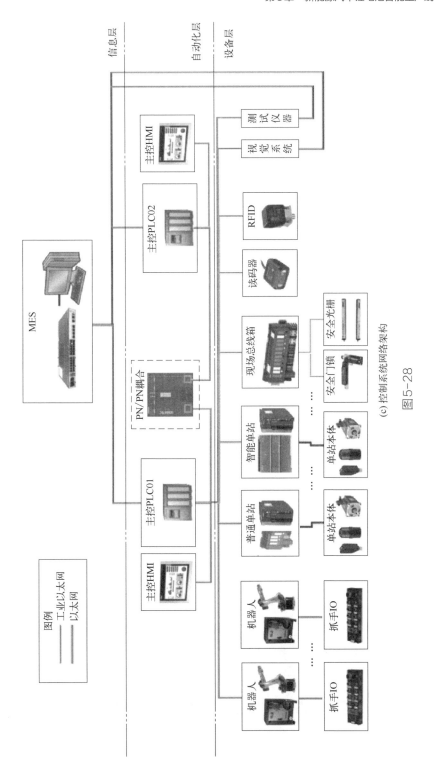

(c) 控制系统网络架构

图5-28

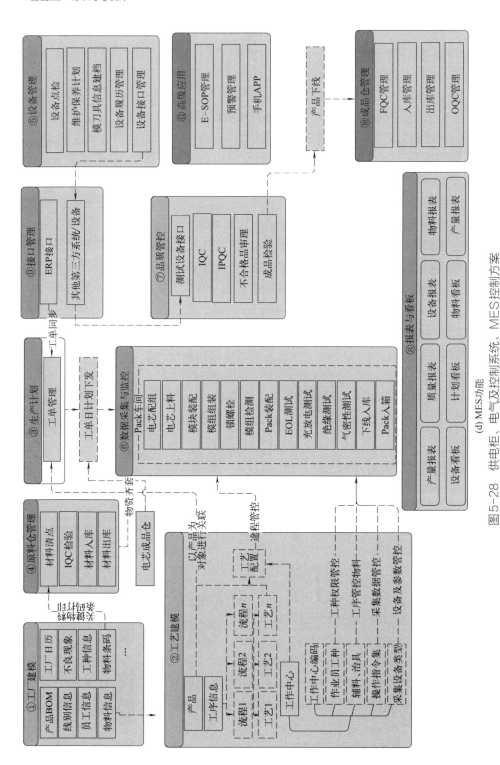

图5-28 供电柜、电气及控制系统、MES控制方案

(d) MES功能

④ 电压、内阻按规定标准进行检测挑选。电芯电压检测精度要求为0.1mV，电阻检测精度要求为0.001mΩ。电芯OCV检测时，电芯码与电芯电压、内阻自动配对，电压以及内阻区间参数可调，触摸屏上有相应操作页面（电压预计范围3~5V，精度要求0.001V；内阻预计范围0.1~0.5mΩ，精度要求0.001mΩ）。不合格品设备自动分类剔除至 NG 区域，人工取回。

⑤ 模组内电芯连接方式为串联，端板激光打模组码。打码机可打码范围≥300mm×300mm，打码正确率需达到100%，打码位置偏差控制在±1mm。

⑥ 模组由两侧端板、N个电芯和两根钢带组成，端板与电芯、电芯与电芯之间均涂上了标准量的结构胶（电芯间后续可能增加绝缘片，绝缘片长宽与电芯匹配，厚度≤2mm）。电芯涂胶面需进行等离子清洗，清洗面积≥300mm×300mm，并配有相应的集尘装置，清洗轨迹可编辑且能保存≥10种。

⑦ 电芯涂胶运动面积≥300mm×300mm，涂胶量及位置需精准可控，相应参数、点位在触摸屏上可编辑且可保存≥10种。

⑧ 模组最大堆叠数为16个电芯，堆叠后，极柱的高度差小于0.05mm。机械手精度要求为，运动精度±1mm，静止精度0.5mm。机器人按配方堆叠模组，机器人抓取电芯的夹爪需满足以下几点：做好绝缘处理；电芯抓取牢固；不会抓坏电芯；夹爪固定结构做好互锁，防止松动脱落。

⑨ 模组套钢带时两侧压力≤8000N，每个电芯受到的压力在300~500N之间，模组整体长度≤1200mm，套钢带成形后需保证极柱面水平以及模组整体两端和两侧的平整。模组尺寸设备可以精准控制，模组整体长度误差±0.5mm。

⑩ 模组成形后对单体电芯进行绝缘检测。绝缘检测的测试设备需购买进口知名品牌，检测工装做好绝缘防护并设计精良，使其可兼容多种产品。

⑪ 对合格模组电芯极柱进行激光清洗，完成后由机器人将模组转入汇流排焊接产线。汇流排与极柱间隙小于0.2mm，模组电芯极柱清洗范围为300mm×900mm，清洗点位需精准、可编辑。

⑫ 汇流排焊接要求：拉拔力大于1400N，焊接工位需实现自动清洗工装，自动吸尘。

⑬ 增加FPC检测工位，通信测试NTC，产品标准温度极差≤3℃，设备精度标准0.1℃。

⑭ 汇流排焊接完成后由机器人将模组转入模组绝缘耐压检测。模组周转机器人的夹爪需做好以下几点：绝缘处理；模组抓取牢固；不会抓损模组；抓取时夹紧力度及夹取尺寸可调，可兼容多种产品；夹爪固定结构做好互锁，防止松动脱落。

⑮ 对模组进行绝缘耐压检测。绝缘测试要求（导电部分对绝缘层）

500VDC挡，绝缘值≥1GΩ。耐压测试要求（导电部分对绝缘层）4400VDC挡，耐压值≤100μA。

⑯ 对模组进行汇流排焊接检测，采用DCIR电流检测，模组快充快放，进行电压内阻测试。需要增加安全防护及设备应急安全事故处理方案（设备自我保护）。

⑰ 增加模组重量测试，精度要求±0.2%。

⑱ 涂胶工位共有三处，分别为电芯涂胶、端板涂胶和绝缘片涂胶，其中端板、绝缘片涂胶两个工位共用一套供胶系统，电芯涂胶使用单独供胶系统。各涂胶工位使用独立的双组份出胶计量系统、静态混合系统，胶头运动系统也各自独立。

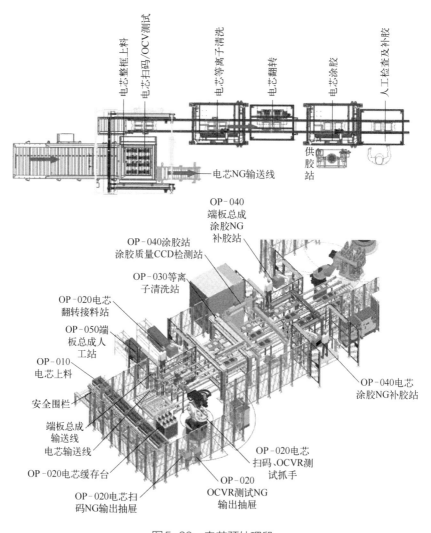

图5-29 电芯预处理段

5.4.2 电芯预处理段

电芯预处理段主要完成前期电芯的处理功能，为模组的堆叠做准备，主要包含电芯整框上料、电芯扫码、电芯OCV测试、电芯等离子清洗、电芯涂胶以及各种NG电芯的排废等工艺。如图5-29为两种不同的电芯预处理段。

（1）电芯上料

电芯上料是模组组装的第一步，根据不同场景的需要，上料的方式有所不同。如果立库直接来料，可设置电芯托盘输送线。如果采用转运的方式，则人工将电芯从厂家包装箱内取出，手工分装到电芯上料料框。考虑到运输的效率，可将多个料框整体转运，转运方式有人工和AGV小车两种，但是应充分考虑生产节拍和单箱Pack电芯数量。常规产线需兼容多款电芯，上料料框整体尺寸为统一尺寸设计，内部格挡可以方便调整以适应不同电芯需求，制作材料应考虑绝缘。电芯料框的进料口应配置安全围栏和安全光栅，料框送达抓取位置后，需要进行二次精定位，便于机械式重复性抓取。为了避免混料和错料，首先要对料框信息进行确认，需设置人工扫码或者射频识别工作站。如果扫码不成功，则报警由人

图5-30 电芯料盘上料滚筒线

工处理。电芯料盘上料滚筒线如图5-30所示。

料框信息确认成功后，机器人手抓取电芯（同时抓取4颗电芯），电芯上料抓手为多功能复合抓手，如图5-31，同时兼有OCV/ACIR测试、扫码、记录功能，能够识别非该批次、该档的电芯，根据错误异常的等级，采取报警、暂停等不同措施。对由于二维码污损无法读取识别的电芯，将被放到NG输送线上或者自动挑出放入不合格品料框，达到一定数量后报警，提醒人工处理。OCV/IR测试的主要目的是：

① 导通测试（测试模组整体电压），确认整体连接情况；

② 测试电压、内阻；

③ 能够检测出漏电情况；

④ 测试不良产品自动隔离；

⑤ 以上信息可实时传入MES。

图5-31　复合功能机器抓手

对每一个来料的电芯进行OCV、ACIR测试、K值计算［用于描述电芯自放电速率的物理量，其计算方法为两次测试的开路电压差除以两次电压测试的时间间隔，公式为（$OCV2 - OCV1$）/ΔT。产线设备支持录入或MES系统导入电芯出厂数据］，由于电芯极柱表面可能会有氧化层，探针端面能够刺破表面氧化层，防止误判。探针材质为铍铜镀金，带极柱的电池测试时探针接触极柱下端圆形平台位置，注意多个探针需避开极柱位置，避免撞击损伤探针。探针及探针座做一体可快拆结构，使用寿命大于50万次。测试信息与电芯二维码绑定上传MES系统。测试后根据测量结果需要对电芯进行筛选，将不合格电芯挑出，支持将电芯的标准要求导入到系统中，系统可以根据测试标准进行自动分析判断。上位机可以存储多款电芯的测试标准，可以根据生产信息或手工切换自动进行识别。不合格电芯能够根据不合格类型分别放到对应料框或者NG输送线上，达到一定数量后具备提醒功能。单个NG料框或者NG输送线可缓存多个电芯。全部合格的电芯在电芯输送线上，依次完成电芯表面等离子清洗、电芯翻转、电芯贴硅胶垫等工序。

　　另外某些电池厂家在电芯的测试工艺里增加了厚度检测工站，如图5-32所示，主要检测鼓包胀袋等异常电芯，其主要由上下大理石平台、压力传感器、测距传感器、伺服压机等组成。大理石平台做上下压平面，平面度0.01mm，采用激光测距传感器，测试数据上传反馈，测距传感器精度为±0.02mm。

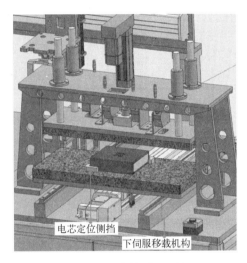

图5-32　电芯测厚工站

（2）电芯等离子清洗

　　由于电芯来料外表面会有灰尘、电离子、油脂等杂质，杂质的存在会导致涂绝缘胶时有气泡或胶的厚度减少等问题，并且为了增加表面的流平特性，便于绝缘胶均匀附在电池表面，需要对电芯表面进行等离子清洗。如图5-33所示，等离子清洗头由程序控制，保证不会一直停留在产品上面灼伤电芯表面。清洗速度匀速，无顿挫现象，清洗速度可以在控制屏中显示。等离子清洗过程参数包括转速、电压、电流、气压、速度、功率、清洗头与工件距离（可调精度±1mm），数据需要和模组号绑定，可本地保存或MES上传。抽风吸尘装置对清洗产生的废物进行回收过滤后排到大气中。等离子清洗要求如下：

　　① 等离子清洗设备单头有效清洁宽度和高度有范围区间，按要求设定值。清洁速度一般在100~250mm/s范围可调。等离子清洗完成后，保证涂胶位置无遗漏。等离子清洗面积检测方法为人工做墨水测试。

　　② 等离子清洗工位的除尘系统，可及时吸走清洗时的颗粒和有害气体。

③ 等离子清洗设备配有废气处理管路、废气处理设备（烟雾净化器）。

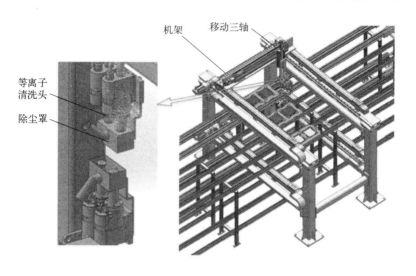

(a) 等离子清洗头布置示意图　　　　　(b) 等离子清洗站3D示意图

图5-33　电芯等离子清洗

（3）电芯涂胶

如图5-34所示，此工站横跨在电芯输送线上，机构自动定位涂胶。有定时防胶水凝固功能，设备待机时定时排胶到废胶桶，废胶桶用于涂胶前排除混胶管中

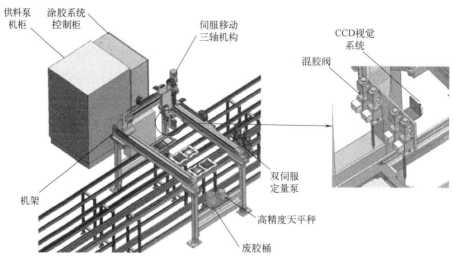

图5-34　电芯涂胶

的废胶。每当电芯或端板总成完成涂胶后，拍照进行涂胶质量检测，如若产生不良，则将照片数据上传MES，并由MES下发返修补胶的信息提示人工完成补胶。供料泵机柜里设有无线扫码枪，当缺料进行上料时，需要人工先扫描胶料的批次码，上传MES记录数据。涂胶系统回路如图5-35所示。

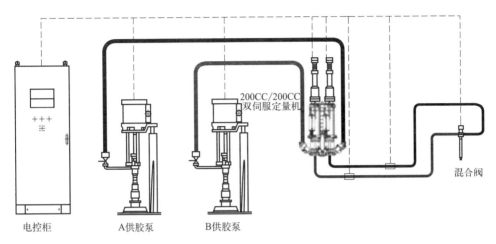

图5-35　涂胶系统回路图

（4）电芯贴硅胶垫

如图5-36，此工站横跨在电芯输送线上，机构自动定位贴硅胶垫、去离型纸。当电芯输送到该工位时，定位系统对电芯进行定位。系统扫码以记录本工艺过程数据。贴胶机构抓取硅胶垫（硅胶垫暂定为已裁切好）并对电芯进行贴胶。电芯移动到去离型纸工位，机构撕去离型纸。输送设备将电芯输送至下一工位。

图5-36　电芯贴硅胶垫

（5）端板、风道隔板预处理辅助线

该辅线用于实现端板、风道隔板、硅胶垫、绝缘片的预组装。人工进行端板、风道板上料。一次上料满足10~15min的生产。使用弹夹式料仓，设备自动根据配方进行取端板、风道板操作。输送设备将物料输送至等离子清洗工位进行清洗。清

洗完成后输送设备将物料输送到硅胶垫粘贴工位进行硅胶垫的粘贴。硅胶垫粘贴完成后，输送机将物料输送至绝缘板组装工位，设备根据配方进行绝缘片安装。

5.4.3　电芯堆叠

该工序是制备模组的第一道工序。将检测合格后的成品电芯与侧板、端板、盖板、连接片等组件进行配对上线，然后将电芯按照一定的串并联顺序进行堆叠，如图5-37所示。

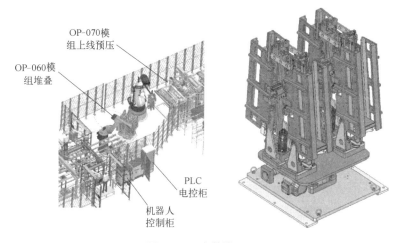

图5-37　电芯堆叠

初始状态下，模组抓取机器人将工装抓取到堆叠站，堆叠站旋转180°，堆叠抓手从上料抽屉中取出预组装完成的隔板组件放置在堆叠站上，堆叠抓手从电芯输送线上抓取电芯至堆叠站堆叠。堆叠抓手依次往复堆叠，直至按照配方堆叠完成整个模组。电芯堆叠时，极柱朝内以堆叠站的内部挡条作为基准，保证所有极柱在同一水平面上，保证后续焊接质量。上端电机动作操作工装完成对模组保压。堆叠站旋转180°。模组搬运抓手将堆叠完成的模组搬运至堆叠检测工位，对模组进行串并联检测，若检测NG则机器人抓取其到NG小车上。检测完成后运动到人工工位，对模组捆绑带，如图5-38。此站设计成双工位。人工组装完成

图5-38　人工捆绑带

后运行到前端上料位置，机器人抓取到输送线上。

5.4.4　加温固化

机器人通过模组搬运抓手将捆完绑带的模组及工装抓取到加温固化线上，如图5-39，保压工装模组在保压工装保压，由输送线输送模组在加温隧道炉（见图5-40）内流转。要保证模组加温后尺寸，防止因温度变化造成的模组尺寸变化。缓存输送线初步规划为并排两条，总缓存量≥10个模组（按1P16S❶模组计算），产线需求单个模组烘烤时间≥20min。固化完成后由后端机器人抓取下线。

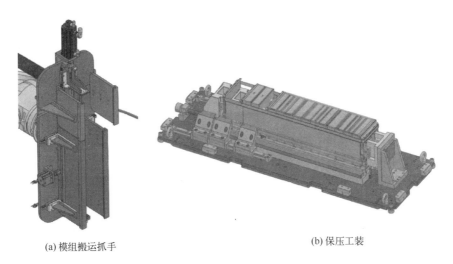

(a) 模组搬运抓手　　　　　　　　　　　(b) 保压工装

图5-39　模组搬运抓手和保压工装

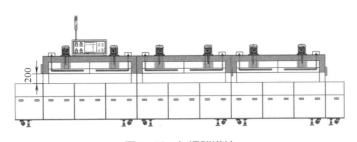

图5-40　加温隧道炉

5.4.5　电芯模组焊接段

机器人将已经加温固化后的模组翻转并抓取到人工装配底板工位，人工将底板进行等离子清洗及涂胶，完成后人工装配底板；机器人将装配后的模组抓取到后端输送线工装上，模组移载到激光清洗工站，自动清洗极柱；人工安装汇流排；

❶ P为并联数，S为串联数，1P16S即16个电池串接的电池组。

模组工装定位，自动焊接汇流排；焊接人工检查及安装FPC；模组工装定位，自动焊接FPC；焊后人工检查及吸尘贴标；模组工装定位，自动绝缘耐压测试；模组下线。电芯模组焊接段流程见图5-41。

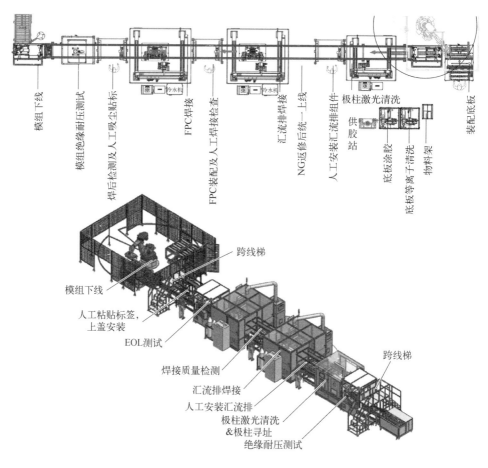

图5-41 电芯模组焊接段

（1）底板等离子清洗

如图5-42，对下立板的涂胶面进行等离子清洗，设备具有清洗温度防呆❶（程序时间管控、硬件高度防呆）。等离子清洗头由程序控制，保证不会一直停留在产品上面。清洗速度匀速，无顿挫现象，清洗速度可以在控制屏中显示。等离子清洗设备单头有效清洁宽度≥50mm，有效清洁高度3~8mm，范围内可调，清洁速度100~250mm/s可调；保证电芯涂胶位置无漏洗。

---

❶ 防呆（Fool-proofing）是一种预防矫正的行为约束手段。

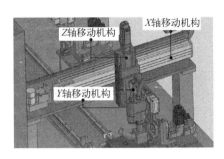

图5-42 底板等离子清洗

（2）底板涂胶

人工将底板放置到涂胶工位，自动涂胶，涂胶完成后输出给后端人工位，如图5-43所示，如涂胶出现NG，人工进行补胶。

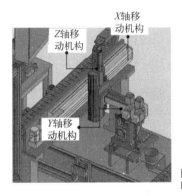

图5-43 底板涂胶

（3）极柱激光清洗

工装带动模组自动流入到激光清洗工位，阻挡器阻挡载具，下机构顶升定位工装，三轴带动视觉系统进行拍照定位，激光清洗器按照所需清洗位置进行自动跑位清洗。激光器功率为120W，带烟雾净化器，清洗过程持续吸收烟雾。工位配置有显示屏/触摸屏，数据与MES相连，可追溯。

（4）人工安装汇流排

工装带动模组自动流入到人工工位，人工套上汇流排安装治具板，安装汇流排。

（5）汇流排焊接站

如图5-44，此工作站主要由激光器、振镜、寻位与检测CCD相机系统、激光测距仪、除尘器、焊接夹具与自动清洁装置等组成。主要是实现极柱与汇流排的激光焊接、焊后视觉检测与自动清洁。

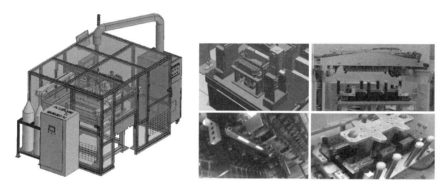

图5-44　汇流排焊接站

（6）人工焊后检查、安装FPC及焊接

工装带动模组自动流入到人工工位，人工检查汇流排焊接质量，NG排出到线外返修，OK品安装FPC。FPC焊接站如图5-45。

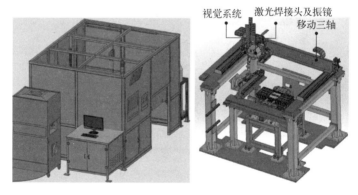

图5-45　FPC焊接站

（7）人工焊后检查、吸尘贴标及模组绝缘耐压检测

工装带动模组自动流入到人工工位，人工检查FPC焊接质量，NG排出到线外返修，OK品人工吸尘贴标。测电芯间绝缘阻抗时，探针正负极分别接触两相邻电芯的正极。测电芯与模组框体绝缘阻抗时，探针正极接触模组框体，探针负极接触电芯正极。单根探针压在极柱上的力≤10N。模组绝缘耐压检测站见图5-46。

（8）模组自动下线

模组到达线体尾端下线位，顶升定位托盘。六轴机器人抓取托盘上的模组放

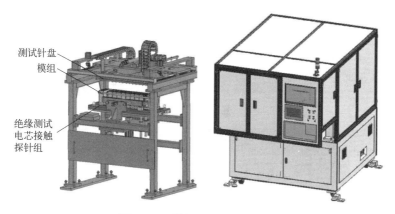

图5-46 模组绝缘耐压检测站

置到下线小车上，如图5-47。模组小车放置一定数量的模组后由AGV运送到Pack产线的模组自动送入工位。

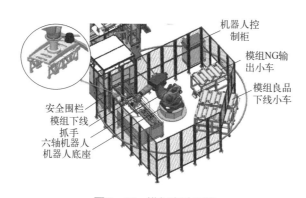

图5-47 模组自动下线

5.5

新能源汽车锂电池包智能生产线设计

5.5.1 新能源汽车电池Pack智能生产线整线概述

新能源汽车电池Pack线体分为三种：动力滚筒线运转，人工工位与自动工位相结合；倍速链线运转，人工工位与自动工位相结合；AGV小车运转，人工工位或者机器人工位相结合，考虑到经济性因素，机器人工位一般由人工工位取代。三种Pack线体如图5-48~图5-50所示。

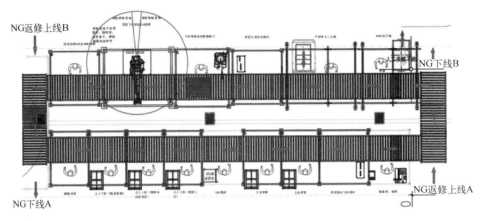

图5-48　滚筒线示意图

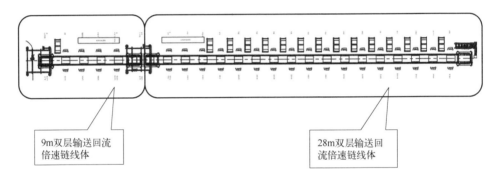

9m双层输送回流倍速链线体

28m双层输送回流倍速链线体

图5-49　倍速链线示意图

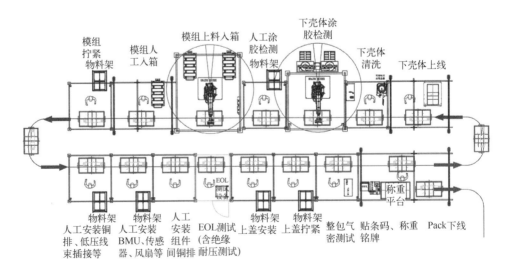

图5-50　AGV小车示意图

5.5.2 锂电池Pack智能生产线整体要求

Pack组装线工位有下壳体上线、下壳体清洁、下壳体涂胶和检测、人工涂胶检测、模组上料和入箱、人工模组入箱、人工模组紧固、人工安装铜排和低压线束插接等、人工安装BMU和传感器等、人工安装组件间铜排等、EOL测试（含绝缘耐压测试）、上盖安装、上盖拧紧、整包气密测试（液冷专有）、贴条码、铭牌、称重、Pack下线。产线所有拧紧策略可通过MES统一控制，保证现场装配和装配工艺的一致性。产线有防错防呆设计，包括Pack包物料的识别防错、装配的防错防呆功能，保证物料装配的正确性。产线人工位符合人体工程学，便于人工轻松操作。产线发生异常、故障、缺料时有声光报警，并在显示屏上显示报警详细内容和处理方法。产线柔性高，比传统产线更加智能化。如图5-51、图5-52所示为工厂布局图和工艺流程图。

5.5.3 锂电池Pack智能生产线设计

（1）下壳体上线

工人将下壳体通过吊具抓取到AGV托盘中，并对下壳体进行扫码与AGV托盘进行绑定。在放入电芯模组前，下壳体须经过工人使用吸尘器、毛刷头等除尘设备进行清理，作业的过程中避免对箱体造成划伤和磕碰，确保外观正常。清理AGV带动小车到位后，人工操作KBK吊起下壳体上线到AGV小车上。

本工位主要由KBK导轨、硬臂智能提升、触屏式工控一体机等组成，如图5-53所示。硬臂吊具通过安装在内部或者外部的环链电动葫芦、伸缩式升降装置实现起升和下降，具有单节或者双节伸缩的圆柱形导柱或方形导柱设计，特别适用于工作循环时间比较长且工件比较重和转矩较大的工况。硬臂式助力臂提供多项安全特性设计，能够确保人、机、物安全，消除安全隐患。所有的设计都最大限度满足人机工程学特点，视觉上美观、操作上舒适、使用时安全，达到人、机、物协调生产的目。硬臂式助力臂在设计时对每一个承重部件都进行强度校核，安全系数2.5，对结构进行反复验证并优化最终设计结构，使助力臂的结构满足现场使用要求，如图5-54、图5-55所示。硬臂式助力臂提供以下安全保护设计：

① 防反弹保护。

在载荷重量发生突然改变时不发生反弹或坠落。

② 承重超载保护。

在负载超过额定起重量时会报警并自动刹车，并禁止任何继续向上运行的操作指令，只允许将负载放下。

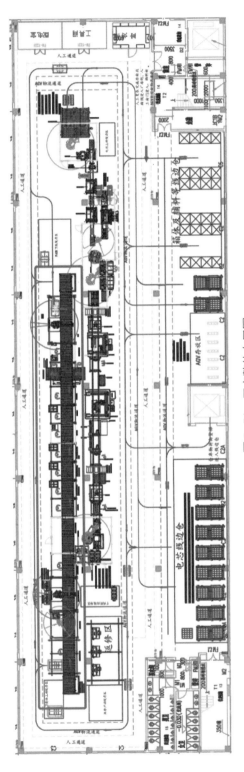

图 5-51　厂房整体布局图

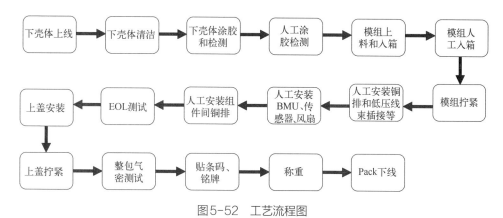

图5-52　工艺流程图

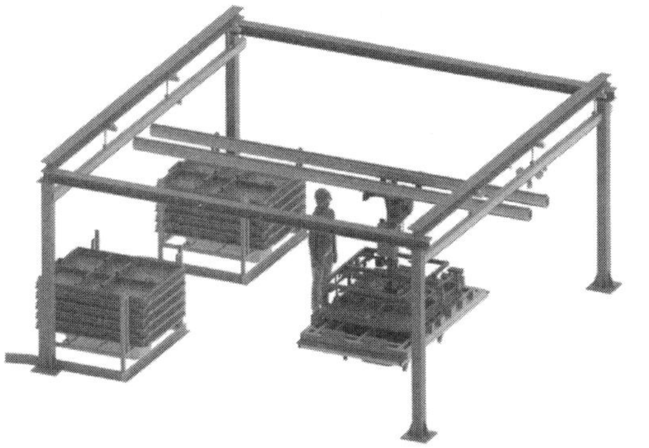

图5-53　下壳体上线工位

③ 断电保护功能。

在发生断电故障时，载荷将被保护性制动并锁定在原地。

④ 上下极限保护功能。

智能提升系统可以虚拟设置OHT夹具的上下极限位置，不会产生超极限运行情况。

⑤ 夹具自锁单元。

助力臂夹具设置有自锁单元，当出现气源断气或气管断裂等情况时，由于夹具设置封闭阀，夹具不会松开工件，直到故障消除且操作者发出指令后才能松开工件。

⑥ 负载自锁单元双释放按钮保护。

释放功能采用双按钮，按任意一只释放按钮不能释放工件。

⑦ 制动器单元。

硬臂式助力臂夹具设置有制动器，可以将助力臂主转轴锁定。

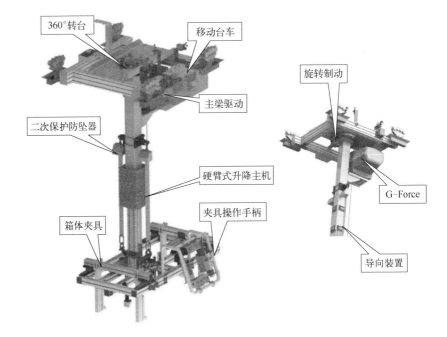

图5-54 下壳体硬臂结构图示

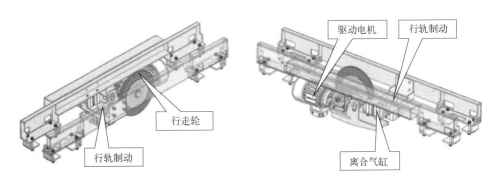

图5-55 固定行轨方向行走驱动部件

（2）下壳体清洁

AGV小车动作将产品模组输送到位，并定位Pack产品。机器人带动毛刷清洗头，对箱体进行清洁。吸尘器配多种形状吸口，其长度满足最大包体范围，吸尘器功率≥3000W，待清洁完成后自动放行流入到下一工站，如图5-56所示。

（3）下壳体涂胶和检测

AGV小车到达工位，导向工装导向AGV小车进入二次定位工装，二次定位工装对装配小车精确定位。机器人上的自动扫码枪扫码箱体，自动调用涂胶程序，

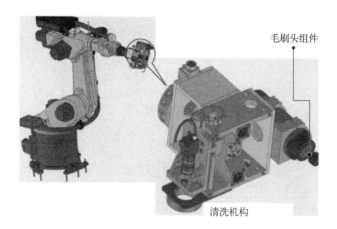

毛刷头组件

清洗机构

图5-56　下壳体清洁工位

如图5-57所示。机器人上的视觉和测距系统寻找涂胶位置（拍照Pack箱体的基准孔）。视觉检测涂胶完成质量（拍照次数根据产品尺寸决定）。二次定位工装放行AGV小车。

二次定位工装

图5-57　下壳体涂胶工位

关于二次定位：二次定位工装是对AGV装配小车或Pack托盘的精确定位。当AGV进入工装前由粗导向将AGV装配小车导入工装，使装配小车由地面支撑转换成定位工装固定支撑，保证Z向的定位，装配小车或Pack托盘的X、Y向定位先由一对气缸完成粗定位，最后由一对定位销完成精确定位（即一面两销定位）。

当自动涂胶合格时AGV直接过站。当自动涂胶NG时，AGV停靠此站，人工对漏胶断胶的地方进行补胶操作。出现大量补胶或涂胶量过多需要重新涂胶的情况时，及时检查上一站的涂胶设备是否出现问题。通过扫码读取Pack包NG相关信息，涂胶NG部位需在显示屏（具备信息录入功能）上显示，方便人工补胶。人工补胶工位如图5-58所示。

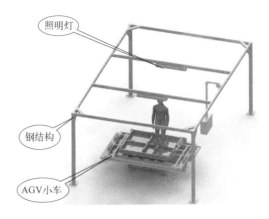

图5-58　人工补胶工位

（4）模组上料和入箱

AGV搬运Pack箱体到工位，二次定位工装对装配小车精确定位。模组入箱机器人上的自动读码器读取箱体码，调用自动程序。 模组入箱机器人上的自动读码器读取模组码，与箱体绑定，利用视觉系统抓取模组并放置模组入箱，如图5-59所示。人工对模组手动拧紧。可实现螺栓顺序拧紧，带拧紧螺栓数量统计功能，并将拧紧转矩值和拧紧顺序上传MES。人工安装BMU、传感器、风扇等，人工安装组件间铜排。

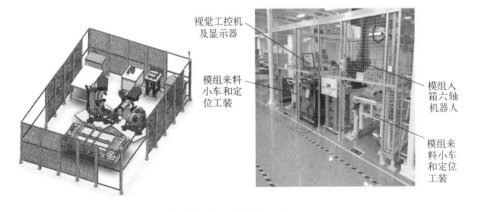

图5-59　模组上料和入箱

（5）EOL测试

AGV到位后，人工将EOL测试仪器的插头对接到箱体插接头上，EOL测试设备开始测试。该工位的防护可通过光栅和安全激光扫描仪、安全围栏来实现，确保EOL测试设备在对Pack包测试时人员的安全。

EOL测试系统对Pack进行安规测试、程序烧录测试、CAN通信测试和ACR

测试等测试,并且自动判断测试结果是否合格,对不合格工件进行声光报警,必须人工干预后才能进行下一步测试。其采用条码绑定、自动启动测试、自动判断测试结果的方法,实现整个工作流程的全智能化、自动化,以达到减少操作人员、提高测试效率的目的。EOL测试内容及技术方案见表5-3。

◈ 表5-3　EOL测试内容及技术方案

序号	测试类型	测试项	描述	测试标准	参照标准	设备	备注
1	测试准备	测试准备	扫码枪根据条码自动识别调用测试程序				
2	绝缘阻抗测试	绝缘阻抗测试	继电器未闭合时,使用绝缘仪测试电池系统总正负、充电正负分别与壳体(地)之间绝缘阻抗值,测试电压不小于系统最高电压	≥100Ω/V	GB/T 18384—2020	绝缘耐压仪:AC 耐压测试最大测试电压 3kV/100mA,DC 耐压测试最大测试电压5kV/20mA,测量范围 AC0.00~110mA,DC0.00~22mA,分辨率1μA 绝缘电阻测试测量范围0.001mΩ~100.0GΩ。接地导通测试测量范围:0.001~0.600Ω(3.0~42.0A),分辨率1mΩ。耐压测试时电压上升和下降时间 0.1~120s 任意可调	
			关闭绝缘监测功能,闭合继电器后,使用绝缘仪测试电池系统总正负、充电正负分别与壳体(地)之间绝缘阻抗值,测试电压不小于系统最高电压				
3	安规测试	耐压测试(正打)	关闭绝缘监测功能,测试电池系统的漏电流:测试电压 2U+1000AC(U 代表 Pack系统最高电压) 耐压机正对 Pack 正,耐压机负对壳漏电流 I_1; 耐压机正对 Pack 负,耐压机负对壳漏电流 I_2	≤1mA	GB/T 18384—2020		
4		耐压测试(反打)	关闭绝缘监测功能,测试电池系统的漏电流:测试电压 2U+1000AC(U 代表 Pack 系统最高电压)。 耐压机负对 Pack 正,耐压机正对壳漏电流 I_1; 耐压机负对 Pack 负,耐压机正对壳漏电流 I_2;	≤1mA	GB/T 18384—2020		耐压反打前必须满足以下条件:①电池包BMS绝缘检测未直接或间接接外壳;②若 BMS 绝缘检测间接接外壳,则耐压等级只能满足 DC<1500V,AC<1000V

序号	测试类型	测试项	描述	测试标准	参照标准	设备	备注
5	安规测试	接地导通测试	Pack接地线与螺栓的阻值		GB/T 18384—2020		
6		等电位测试	测试Pack外漏可导电部分的阻值不大于0.1Ω		GB/T18384—2020	电流不小于1A且可调,电压不大于60V,测试时间0.3~99.9s,精度0.1s 测试量程0.001~1.200Ω,分辨率1mΩ	硬件预留3组GB量测空间,由系统后方出线
7	基本状态测试	程序烧录	对电池包系统进行程序烧录和对比、BMS国标追溯码的录入与判定、电流零漂调零		GB/T 34014—2017		采用嵌入式,烧录软件定制
8		Pack总压测量	CAN读取BMS单体电芯电压并求和总压 V_1,读取BMS测得的电池包总压 V_2,将 V_1 和 V_2 与实际测得的电池包总压 V_3 做比较,判断电压值和测量精度是否在正常范围		QC/T 897—2011	电压:量程0~1000V,分辨率1mV,精度 ±0.01%rdg.[2]±3mV	
9		ACIR测试	测试电池包的交流内阻			内阻:量程0~300mΩ,分辨率10μΩ,精度±0.5%rdg.±3dgt[3]	
10		单体压差检测	通过BMS检测记录电池包单体电压及个数,计算最大值与最小值的差值	单体电压采集精度≤±0.3%FS[1]	GB/T 34131—2017		

① FS, Full Scale, 满量程。

② 读数, 0.01%rdg即读数的0.01%。

③ 1dgt在仪表中就是一个最小数字,即一个最右边位数字1。

续表

序号	测试类型	测试项	描述	测试标准	参照标准	设备	备注
11		单体温差检测	通过BMS检测记录电池包温度及个数,计算最大值与最小值的差值,与设备采集的环境温度做对比,差异值超出设定,报警判断NG	单体温度采集精度±1℃,分辨率不大于1℃	GB/T 34131—2017		
12		高压互锁测试	电池包所有接插件连接后,检测BMS状态和互锁线的导通,断开其中某个接插件的互锁线,检测BMS状态是否NG				
13		整车CAN检测	使用CAN卡连接整车CAN,发送报文,若能接收到报文,判断合格				
14		均衡诊断测试	发送均衡指令,检测均衡状态是否正常				
15		内CAN检测	通过内CAN通信读取电池包初始化信息、故障检测、BMS软硬件版本、绝缘阻值、继电器粘连、报警信息清除	绝缘阻值≥2MΩ	QC/T 897—2011		需支持CAN FD
16		终端电阻测试	使用电压表电阻挡检测各路CAN是否存在120/60Ω电阻,直接检测,不涉及并联				内网CAN/外网CAN/充电CAN
17		环境温度比对	通过采集室温与BMS检测到的电池包温度做对比,判定电池包温度采集是否异常				精度±1℃
18		BMS绝缘告警测试	总正/总负对壳体施加1个小于500Ω/V的电阻,BMS绝缘报警;总正/总负对壳体施加1个小于100Ω/V的电阻,BMS绝缘报警		QC/T 897—2011		10k/100k/500k/1M四挡切换
19		BMS供电检测	如12V供电BMS,根据客户设定提供9~12V以外的电压,检测BMS能否正常工作		QC/T 897—2011		需要9~36V可调电源

序号	测试类型	测试项	描述	测试标准	参照标准	设备	备注
20		唤醒检测	通过EOL给唤醒信号（包括VCU、BCM、HCU等唤醒），看BMS是否具有唤醒、休眠功能				
21		系统功耗检测	检测BMS休眠功耗、静态功耗、工作功耗				精度5mA
22		预充回路测试	闭合预充回路，通过CAN读取预充状态及电压、预充继电器的状态				需支持CAN FD
23		充电通信测试	使用CAN卡连接充电CAN，发送报文，若能接收到报文，判断合格		GB/T 27930—2015		需支持CAN FD
24		充电插座温度检测	通过工装模拟充电枪温度，确认BMS温度采集是否正常				
25	充电检测	快充状态测试	自动切换1kΩ阻值接入，检测不少于三路电压信号，外加使能信号CC2判定快充功能是否正常，按国标GB/T 27930—2015协议，同时上报BMS状态		GB/T 27930—2015、GB/T 18487—2015、GB/T 20234—2015 GB/T 34657—2017		
26		慢充状态测试	慢充信号模拟，设备输出CC、CP信号，检测BMS是否可以读取到充电信息，同时上报BMS及继电器状态		GB/T 27930—2015、GB/T 18487—2015、GB/T 20234—2015、GB/T 34657—2017		

序号	测试类型	测试项	描述	测试标准	参照标准	设备	备注
27	充电检测	电压检测	调用高压内阻仪检测快充口、满充口电压及退出充电状态后的电压及ACR			电压：量程0~1000V，分辨率1mV，精度±0.01%rdg.±3mV。内阻：量程0~300mΩ，分辨率10μΩ，精度±0.5%rdg.±3dgt	快充、慢充
28		PWM信号	如充电锁止，快充激活，风机控制，点火信号等使用不同波段的方波信号				0~+12V可调
29	上电检测	放电检测	通过发送整车报文检测输出口的电压、ACR及BMS及继电器状态，通过发送整车报文断开继电器检测输出电压、ACR及继电器状态			电压：量程0~1000V，分辨率1mV，精度±0.01%rdg.±3mV。内阻：量程0~300mΩ，分辨率10μΩ，精度±0.5%rdg.±3dgt	放电1、放电2（前后驱）
30	加热检测	加热回路测试	闭合加热继电器，并在端口处通过电阻表检测加热回路电阻，并判断是否在规格范围内；读取加热继电器对应的状态			电阻：量程0~100Ω，分辨率10mΩ，精度±0.5%rdg.+3dgt	
31		液冷系统检测	检测液冷系统进出水口温度				
32		SOC标定	根据出货需求标定SOC、SOH				

（6）人工上盖安装并拧紧

AGV到达工位指定位置，人工将料架上的上盖吊取放置到主线AGV上。人工确认完成，放行AGV小车。人工进行采样线束连接和铜排分段连接，利用拧紧系统紧固铜排，如图5-60所示。

图5-60　人工上盖安装并拧紧

（7）整包气密测试

AGV到位后，人工将气密测试接口连接，人工扫描条码或二维码，试漏仪启动，采用压差测试法进行测试。人工接插连接接口，将测试数据与电池包绑定并上传至产线MES。

配置电池包气密性测试压紧工装（使用寿命：≥5000次）。确保夹具便于更换，更换一次时间不超过3min。夹具可防止充气时箱体膨胀变形。配置压紧工装放置架。

① 压缩气体配备标准气罐100L，配备三联件。

② 气密性测试等级：IP67。CMK≥1.67。

③ 多通道气密性检测仪器，具备正负压、保压、预充、平衡、测试、通信、报警等功能。

④ 测试压力和测试时间均可调；自带标定核对功能，有历史记录、自动判定等特性。

⑤ 测试压力范围：-20~20kPa。

⑥ 测试程序设定分充气阶段、平衡保压阶段、测试阶段，任一阶段不满足设定要求，直接跳转到 NG 结束。

⑦ 泄漏量范围：-100~999Pa。

⑧ 时间测试精度：±0.1s。

⑨ 具有容积计算、容积校准、计数、统计功能，具有通信、数据记录、上传测试参数以及数据存储的功能。

（8）Pack下线

AGV到位后，人工将Pack标签贴在箱体上，同时利用吊装（硬臂）将Pack

箱体吊到称重平台完成称重，待数据稳定后读取称重数值并上传产线MES，人工吊装Pack包到充放电AGV上，如图5-61所示。

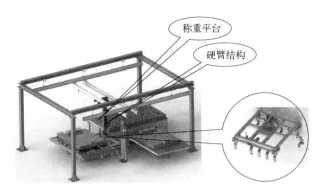

图5-61　Pack称重下线

硬臂式抓手兼容切换方式：兼容型抓手，不能兼容的采用快换结构，换型时间≤20min。下壳体人工吊具抓取上线到AGV托盘上面，需要对下壳体扫码与AGV托盘进行绑定。作业过程中严禁对产品造成损伤、掉落。能实现抓取安装；确保箱体存、取时无划伤、无磕碰，确保外观正常。

Chapter 6

第6章

太阳能电池智能生产线设计

在化石能源日趋枯竭的今天，全球正在加大对可再生能源的开发利用。太阳能、风能、潮汐能、地热能、水能、核能、生物能等诸多新能源都在发挥着异常重要的作用。这些清洁能源为我们以后解决能源危机提供了诸多可能。其中太阳能是地球生物赖以生存的直接或间接能量来源之一。我们处在离太阳差不多有1亿英里●的地方，地表所截取的太阳能已经少到令人难以置信的程度，即大约千万分之三，即使这么小的一点能量，也比整个世界现有的发电能力还大十万倍！所以有效获取太阳能、造福全人类成为我们共同的目标。

根据国际能源署IEA预测，2030 年前后可再生能源将成为全球最大的电力来源，全球在2015年至2040年间的电力投资中，将有近60%流入可再生能源领域，以光伏、风电和水电为代表的可再生能源将是未来电力装机增量的主力。根据彭博新能源2020年展望报告，在2050年的全球电力结构中，光伏和风能的占比将达到56%。

6.1

太阳能技术

目前市场上主流的太阳能技术有两种：一种是利用一系列反射集热器将太阳光线集中并转化为热能，比如家用的太阳能热水器，如图6-1（a）；另一种就是利用太阳能半导体材料的光伏效应，将太阳能辐射能直接转换为电能的一种新型发电系统，我们称为太阳能光伏技术，如图6-1(b)。光伏技术原理是在有光照（无论是太阳光，还是其他发光体产生的光照）的情况下，电池吸收光能，电池两端出现异号电荷的积累，即产生"光生电压"，这就是"光生伏特效应"。在光生伏特效应的作用下，太阳能电池的两端产生电动势，将光能转换成电能。

1839年，法国物理学家贝克勒意外发现，用两片金属浸入溶液构成的伏打电池，受到阳光照射时会产生额外的伏打电动势，这种现象称为光生伏打效应。1883年，科学家在半导体硒和金属接触处发现了固体光伏效应。因为半导体PN结器件在太阳光下的光电转换率最高，所以通常把这类光伏器件称为太阳能电池。1954年，恰宾等人在美国贝尔实验室第一次做出了效率为6%的实用硅太阳能电池，开创了太阳能电池的新纪元。

据预测，太阳能光伏发电在21世纪会占据世界能源消费的重要席位，不但要替代部分常规能源，而且将成为世界能源供应的主体。预计到2030年，可再生能源在总能源结构中将占到30%以上，而太阳能光伏发电在世界总电力供应中的

● 英里（mile）。1mile=1609.344m。

占比也将达到10%以上；到2040年，可再生能源将占总能耗的50%以上，太阳能光伏发电将占总电力的20%以上；到21世纪末，可再生能源在能源结构中将占到80%以上，太阳能发电将占到60%以上。这些数字足以显示出太阳能光伏产业的发展前景及其在能源领域重要的战略地位。

(a)

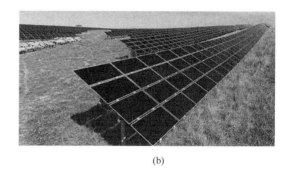
(b)

图6-1　太阳能技术

6.2

太阳能光伏行业发展趋势

光伏产业是我国战略性新兴产业之一，其发展对于调整能源结构、推进能源生产和消费革命、促进生态文明建设具有重要意义。随着光伏产业链的不断延伸和升级换代，光电转换效率稳步提升。近几年，光伏技术经过了突破式的发展，大尺寸硅片的应用、电池技术的更新、切割工艺的进步，促使光伏产品成本不断下降，正在迈入"平价时代"。凭借成本和节能减排政策优势，光伏发电已经成为全球新增发电的主力。根据国际能源署（IEA）发布的数据显示，在2020年新增发电装机容量中，光伏发电位列第一，约占2020年全球新增发电装机容量的39%。2020年，全球光伏市场新增装机量为130GW，累计光伏发电装机总量达到756GW。另外IEA预测，在净零排放下，到2050年光伏发电量占全球总发电量将超过30%。

据国家能源局数据统计，2021年中国新增光伏并网装机容量53GW，同比增长约10%，连续9年稳居世界首位；累计光伏并网装机容量达到306GW，突破300GW大关，连续7年稳居全球首位。"十四五"首年，光伏发电建设实现新突破，呈现新特点。与此同时，中国光伏发电市场储备规模雄厚，以沙漠、戈壁地区为重点的三批大型风电光伏基地正有序推进。据中国光伏产业协会数据，2022

年上半年多晶硅、硅片、电池、组件产量同比增长均在45%以上，1~8月光伏新增装机44.47GW，同比增长106%，光伏产品出口总额达到357亿美元，光伏组件出口破100GW，均已超过2021年全年。得益于全球光伏需求增长的推动，国内企业在近年来持续加大组件环节投资和技术革新，光伏组件生产成本持续下降。中国成为全球最大的光伏组件生产国，约占全球光伏组件产量的70%。2020年，中国光伏组件产量达到125GW，同比增长26%。其中，排名前五企业产量占光伏组件总产量的55%，其中前三家企业产量超过10GW，如图6-2。

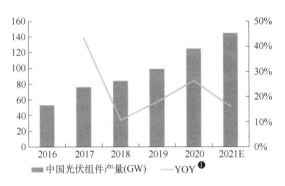

图6-2　2016~2021年中国光伏组件产量及增速

　　目前，我国光伏组件环节具备较高的国际竞争力。在2020全球十大组件出货商中，国内组件厂商稳定占据8个及以上席位，分别为隆基股份、晶科能源、晶澳太阳能、天合光能、阿特斯、东方日升、正泰、尚德，国外品牌仅有韩国QCells（韩华）、美国FirstSolar进入前十，分别位列第六与第九。随着美国、欧盟、印度等大力发展本土光伏产业链，国际竞争将愈加激烈。

（1）世界光伏发电技术发展趋势

　　随着清洁能源越来越受到世界各国的重视，光伏发电全产业链的创新是作为推进新兴产业发展的主要战略举措。通过全覆盖布局先进材料、制造和系统应用各环节研发，实现成本降低与竞争力提升。

　　光伏组件的核心元器件正朝着高效率、低能耗、低成本方向发展。晶硅类太阳能电池经过数十年发展，已构建了完备的全产业链技术，体系已相对成熟，光电转换效率持续提升，且产业规模迅速扩张，边际制造成本显著降低。在当前光伏产业中，晶硅电池依靠规模效应带来的经济成本优势及高转化效率占据超过95%的光伏电池市场，未来将继续占据光伏电池生产量的主要份额。钙钛矿电池、叠层电池作为未来光伏电池技术重要的发展方向，世界各国均在此方面重点

---

❶ YOY（Year-on-year percentage），指当期数据较去年同期变动多少。

投入，着力提升器件性能与稳定性，推动产业化布局，在解决大面积、稳定性等方面的问题后，钙钛矿电池将有望改变光伏应用市场的产业格局。

光伏应用向多利用场景方向发展。世界各国结合自身实际情况，积极推动光伏建筑一体化、漂浮式光伏、光伏+农业、光伏车棚等多种新型应用形式发展，与之相关的特异性产品技术、联合运行控制技术等成为研究重点。

（2）我国光伏发电技术发展趋势

我国作为全球最大的光伏发电应用市场，各类新型光伏电池技术应用场景层出不穷。未来我国将继续聚焦国际光伏发电技术发展重点方向，引领全球光伏发电产业化技术持续创新发展。

光伏组件高效率与高可靠性并进。半片技术、叠瓦技术、多主栅等组件技术将进一步广泛应用，双面组件将逐步成为市场主流，提升组件效率与发电能力。新型封装技术与封装材料进一步提升组件可靠性。

光伏发电系统智能化、多元化发展。逆变器将向大功率单体机、高电压接入、智能化方向发展，不断深化与储能技术的融合，智能运行与维护技术水平不断提高。光伏建筑一体化等新场景应用技术不断完善，拓展应用光伏发电开发空间。

6.3
太阳能电池组件的构成

太阳能发电系统由太阳能电池组件、太阳能控制器、蓄电池（组）、逆变器等器件组成，如图6-3。太阳能电池组件是太阳能发电系统的核心部分，也是太阳

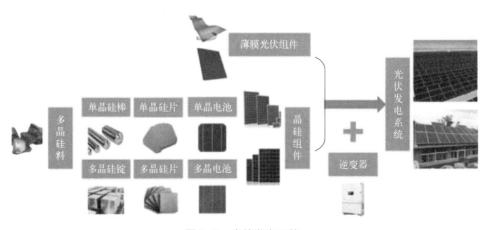

图6-3　光伏发电系统

能发电系统中价值最高的部分，其作用是将太阳能的辐射能转化为电能，或送往蓄电池中存储起来，或推动负载工作。太阳能光伏组件是把若干数量的单体电池以串联和并联方式连接，然后再密封成一个整体。它的质量和成本将直接决定整个系统的质量和成本。

6.3.1　太阳能电池的分类

现今太阳能光伏电池的主要类型有：晶体硅电池（包括单晶硅、多晶硅和带状硅等）、非晶硅电池、非硅光伏电池（包括硒化铜铟、碲化镉等）。单晶硅、多晶硅及非晶硅薄膜太阳能电池由于具有制造技术成熟、产品性能稳定、使用寿命长、光电转化效率相对较高的特点，被广泛应用于大型并网光伏电站项目。其中晶硅类太阳能电池是目前发展最成熟并且作为商用电站应用最为广泛的电池，在应用中居主导地位。薄膜电池因其产品特性，近年来虽然极少应用于大型地面光伏电站，但在分布式及离网发电系统中应用较多。晶硅组件凭借单块组件发电功率高的特性占据光伏组件总量90%~95%的份额，薄膜组件仅占5%~10%。

晶硅光伏组件根据背面材质可以分为双玻组件和单玻组件，单玻组件的背板材料大部分为不透光的复合材料（TPT、TPE等），目前单玻组件仍是主流。2020年单玻组件市占率70%~75%，双玻组件占比25%~30%；双玻组件采用玻璃替代了单玻组件的复材背板，双面采用玻璃封装。

（1）单晶硅太阳能电池

单晶硅太阳能电池是最早出现、工艺最为成熟的太阳能光伏电池，也是大规模生产的硅基太阳能电池中效率最高的。单晶是指整块材料的原子都按同一间距在空间做周期性排列的晶体。单晶硅电池是将硅单晶进行切割、打磨制成单晶硅片，再在单晶硅片上经过印刷电极、封装制成的。大规模生产的单晶硅电池效率可以达到14%～20%。不足之处在于流程中需要采用切割、打磨等工艺，会造成大量硅原料的损失；且受硅单晶棒形状的限制，单晶硅电池必须做成圆形，对光伏组件的布置也有一定的影响。

（2）多晶硅太阳能电池

多晶硅太阳能电池的整块材料是由很多小单晶晶粒组成的，由于各个晶粒的方向不同，制成的多晶硅电池有很多闪亮斑点。多晶硅电池的生产主要有两种方法。一种是通过浇铸、定向凝固的方法，制成多晶硅的晶锭，再经过切割、打磨等工艺制成多晶硅片，进一步印刷电极、封装，制成电池。浇铸方法制造多晶硅片不需要经过单晶拉制工艺，消耗能源较单晶硅电池少，并且形状不受限制，可以做成方便光伏组件布置的方形。另一种方法是在单晶硅衬底上采用化学气相沉积（VCD）等工艺形成无序分布的非晶态硅膜，然后通过退火形成较大的晶粒，从而提高发电效率。多晶硅电池的效率能够达到13%~18%，略低于单晶硅电池的水平。和单晶硅电池相比，多晶硅电池虽然效率有所降低，但是节约能源，节约硅原料，达到工艺成本和效率的平衡。

（3）薄膜太阳能电池

薄膜太阳能电池就是将一层薄膜制备成太阳能电池，其用硅量极少，更容易降低成本，同时它既是一种高效能源产品，又是一种新型建筑材料，更容易与建筑完美结合。非晶硅电池是在不同衬底上附着非晶态硅晶粒制成的，工艺简单，硅原料消耗量少，衬底廉价，并且可以方便地制成薄膜，具有弱光性好、受高温影响小的特性。非晶硅薄膜电池市场占有率一度高达20%，但受限于较低的效率，非晶硅薄膜电池市场份额逐步被晶体硅电池取代，目前约为12%。非晶硅薄膜太阳电池是在廉价的玻璃、不锈钢和塑料衬底附上非常薄的感光材料制成，比用料较多的晶体硅技术造价更低。目前已商业化的薄膜光伏电池材料有：硒化铜铟（CIS）、碲化镉（CdTe），它们的厚度只有几微米。薄膜太阳能电池虽然早已出现，其用料少、工艺简单、能耗低，成本有一定优势，但存在光电转换效率低（约为8%）、光致衰退率较高等问题。

6.3.2　光伏组件的构成

单体太阳能电池输出电压低，输出电流小，厚度薄，性能脆，怕受潮，不宜在通常的环境条件下工作。为了使太阳能电池能适应实际使用条件，需要将单体太阳能电池串并联后，进行封装保护，引出电极导线，制成几瓦到数百瓦不同输出功率的太阳能电池组件。根据电池片的排列特点和栅线结构，太阳能电池组件分为拼片组件、半片组件、多主栅（MBB）组件、叠瓦组件和双面组件。

① 拼片组件。电池片正面采用对光照利用率更高的三角焊带，而三角焊带有非常好的光学结构，可吸收垂直入射光和斜射光。原先被主栅遮挡浪费的电池片部分，通过一个三角形的焊带反光又把这部分的光线重新利用了。所以拼片组件的发电效率和成本将优于叠瓦组件。

② 半片组件。使用激光切割法沿着垂直于电池主栅线的方向将标准规格电池片切成相同的两个半片电池片后进行焊接串联。通过优化半片电池片的串并联结构，得到与全片电池组件相近的电流和电压。由于每串电池电流降低二分之一，欧姆损耗降低，组件功率可提高2%左右。半片电池组件有更优异的应对阴影遮挡性能、高温性能和更强的机械载荷性能，并兼容绝大多数电池技术。

③ 多主栅（MBB）组件。主栅线多于5条以上的称为多主栅（MBB）组件，增加的栅线可以有效改善电池片的电流收集能力。更细和更密的主栅线可以

减少遮光面积，提升组件的功率，增加组件的抗隐裂性能。

④ 叠瓦组件。将一个传统的电池片切割成5或6等份，将每小片以前后叠片的方式连接，再利用专用的导电胶材把它串/并联起来，再进行层压封装。由于无电池片间距，叠瓦组件提升受光面积，取消焊带和汇流条又能降低电阻损耗，故组件功率提高8%~10%。

⑤ 双面组件。根据双面电池的封装技术可分为双面双玻组件、双面（带边框）组件。双面组件的特别之处就是除正面正常发电外，背面也能吸收散射光和反射光发电，因此有更高的综合发电效率。

一般常见的太阳能组件主要有接线盒、钢化玻璃、EVA、电池片、互连条、汇流条、背板、硅胶等，如图6-4所示。从成本端看，辅材中成本占比排名前五的分别是边框、玻璃、胶膜、背板以及焊带。其中边框在非硅成本中占比最高，而玻璃、胶膜以及背板则是光伏组件的核心辅材，对设备的最终性能有重要影响。

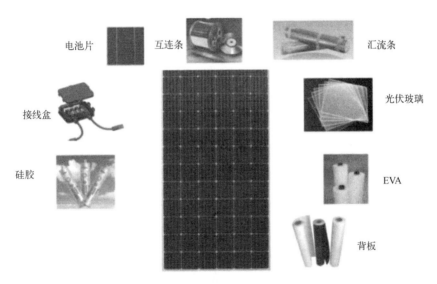

图6-4 太阳能组件的构成

① 光伏玻璃。光伏玻璃一般用作光伏组件的封装面板，直接与外界环境接触，其耐候性、强度、透光率等指标对延长光伏组件的寿命和提高长期发电效率起核心作用。目前光伏玻璃有三种主要产品形态：超白压花玻璃、超白加工浮法玻璃以及透明导电氧化物镀膜（TCO）玻璃。通常来说，硅片光伏组件主要使用超白压花玻璃或超白加工浮法玻璃，一方面可以对太阳能电池起到保护作用，增加光伏组件的使用寿命。另一方面，超白压花玻璃及超白加工浮法玻璃的含铁量

相对较低，透光率更高，能够提高组件发电效率。目前，部分双面组件采取的是正反面均用玻璃封装的双玻璃路线，正反双面均使用2.5/2.0mm厚度玻璃，而非传统的3.2mm。这既是为了设备整体减重，也是出于成本考虑。考虑到双面组件渗透率的持续增长，未来光伏玻璃减薄也将持续。

② EVA。目的是用来粘接固定钢化玻璃和发电主体（电池片），透明EVA材质的优劣直接影响到组件的寿命，暴露在空气中的EVA易老化发黄，会影响组件的透光率，从而影响组件的发电质量。除了EVA本身的质量外，组件厂家的层压工艺影响也是非常大的，如EVA胶黏度不达标，EVA与钢化玻璃、背板粘接强度不够，都会引起EVA提早老化，影响组件寿命。

③ 电池片。主要作用就是发电。发电主体市场上主流的是晶体硅太阳电池片、薄膜太阳能电池片，两者各有优劣。晶体硅太阳能电池片，其设备成本相对较低，但消耗及电池片成本很高，光电转换效率也高，在室外阳光下发电比较适宜；薄膜太阳能电池，相对设备成本较高，消耗和电池片成本很低，光电转化效率相对晶体硅电池片低，但弱光效应非常好，在普通灯光下也能发电，如计算器上的太阳能电池。

④ 背板。背板位于太阳能电池组件背面的最外层，保护电池组件免受外界环境的侵蚀，起到耐候绝缘的作用，需具备高水平的耐高低温、耐紫外辐射、耐环境老化和水汽阻隔、电气绝缘等性能。

⑤ 边框。顾名思义，边框就是光伏组件的外侧框架，在封装后填充硅胶密封，起到固定和边缘保护的作用。

⑥ 接线盒。其作用是保护整个发电系统，起到电流中转站的作用。如果组件短路，接线盒自动断开短路电池串，防止烧坏整个系统。接线盒中最关键的是二极管的选用，根据组件内电池片的类型不同，对应的二极管也不相同。

⑦ 硅胶。密封作用，用来密封组件与铝合金边框、组件与接线盒交界处有些公司使用双面胶条、泡棉来替代硅胶，国内普遍使用硅胶，其工艺简单、方便、易操作，而且成本很低。

6.4
太阳能电池片智能生产线设计

6.4.1 晶硅电池片生产的工艺过程

多晶硅经过拉棒和铸锭工艺形成单晶硅棒和多晶硅锭，经过切片后分为单晶硅片和多晶硅片，如图6-5。硅片是光伏产业链上游的末端，是光伏产品的起点。硅片的大小、形状与薄厚取决于生产工艺与下游产品设计需求。硅片精加工后就是电池片，然后经过排列与其他辅材组合封装后就是太阳能电池板，所以电池片是组成太阳能电池板的最基本元件。

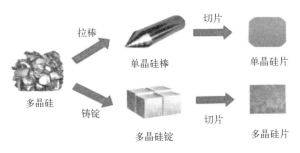

图6-5 硅片加工工艺

晶硅电池片的生产工艺流程分为硅片检测—清洗制绒—扩散制结—等离子刻蚀—去磷硅玻璃—减反射膜制备—丝网印刷—烧结等，如图6-6。

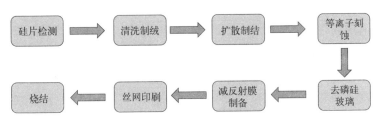

图6-6 晶硅电池片生产工艺

① 硅片检测。硅片是太阳能电池片的载体，硅片质量的好坏直接决定了太阳能电池片转换效率的高低，因此需要对来料硅片进行检测。在进行少子寿命和电阻率检测之前，需要先对硅片的对角线、微裂纹进行检测，并自动剔除破损硅片。硅片检测设备能够自动装片和卸片，并且能够将不合格品放到固定位置，从而提高检测精度和效率。

② 硅片的清洗和制绒。硅片经过了切片、研磨、倒角、抛光等多道工序加工，其表面已经吸附了各种杂质，如颗粒、粉尘、油污、重金属及有机物等，只有经过了表面清洗，消除各类污染物，才能进行下一步的制绒工序。制绒的主要目的是形成减反射织构，降低表面反射率；利用Si在稀NaOH或酸性溶液中的各向异性腐蚀，在硅片表面形成3~6μm的金字塔结构，这样光照在硅片表面便会经过多次反射和折射，增加了对光的吸收（陷光原理）、因为单、多晶晶体不同，多晶制绒面为不规则凹凸面，单晶制绒面为规制类金字塔结构。

③ 扩散和制结。硅片的单/双面液态源磷扩散，制作N型发射极区，以形成光电转换的基本结构：PN结，如图6-7。$POCl_3$液态分子在N_2载气的携带下进入炉管，在高温下经过一系列化学反应，磷原子被置换，并扩散进入硅片表面，激活形成N型掺杂，与P型衬底形成PN结。主要化学反应式如下：$POCl_3+O_2\rightarrow$ $P_2O_5+Cl_2$ $P_2O_5+Si\rightarrow SiO_2+P$

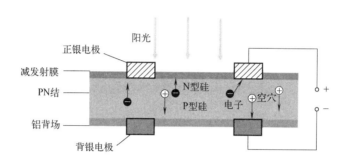

图6-7　PN结位置

④ 等离子刻蚀。在上一道扩散工序中，硅片的所有表面（包括边缘）都会或多或少有磷的存在。此时PN结的正面收集到的光生电子会沿着边缘扩散，由有磷的区域流到PN结的背面而造成短路。只有经过刻蚀工序，将硅片边缘的磷消除干净，才能避免此类情况的发生。目前有湿法刻蚀和干法刻蚀两种工艺，如下：

a.湿法刻蚀原理：大致的腐蚀机制是HNO_3氧化生成SiO_2，HF再去除SiO_2，化学反应方程式如下：

$3Si+4HNO_3=3SiO_2+4NO+2H_2O$ $SiO_2+4HF=SiF_4+2H_2O$ $SiF_4+2HF=H_2SiF_6$

中间部分有碱槽，碱槽的作用是为了抛光未制绒面，使其变得更加光滑；碱槽的主要溶液为KOH；H_2SO_4溶液的目的是使硅片在生产线上漂浮流动起来，不参与反应。

b. 干法刻蚀是以等离子进行薄膜刻蚀的技术，当气体以等离子体形式存在时，它具备两个特点：一方面等离子体中的这些气体化学活性比常态下要强很多，根据被刻蚀材料的不同，选择合适的气体，就可以更快地与材料进行反应，实现刻蚀去除的目的；另一方面，还可以利用电场对等离子进行引导和加速，使其具备一定能量，当其轰击被刻蚀物的表面时，会被刻蚀材料的原子击出，从而达到利用物理上的能量转移来实现刻蚀的目的。

⑤ 去磷硅玻璃。这种工艺也是去除多余杂质方法，通过化学腐蚀法也即把硅片放在氢氟酸溶液中浸泡，使其产生化学反应，生成可溶性的络合物六

氢硅酸，以去除扩散制结后在硅片表面形成的一层磷硅玻璃。氢氟酸能够溶解二氧化硅是因为氢氟酸与二氧化硅反应生成易挥发的四氟化硅气体。若氢氟酸过量，反应生成的四氟化硅会进一步与氢氟酸反应，生成可溶性的络合物六氟硅酸。

⑥ 减反射膜制备。据测算，光在硅表面的反射损失率高达35%左右，减反射膜可以极大地提高电池片对太阳光的利用率，有助于提高光生电流密度，进而提高转换效率。同时薄膜中的氢对于电池片表面的钝化，降低了发射结的表面复合速率，减小了暗电流，提升了开路电压，提高了光电转换效率。工业生产中常采用PECVD设备制备减反射膜。PECVD即等离子增强型化学气相沉积。它的技术原理是利用低温等离子体作能量源，样品置于低气压下辉光放电的阴极上，利用辉光放电使样品升温到预定的温度，然后通入适量的反应气体SiH_4和NH_3，气体经一系列化学反应和等离子体反应，在样品表面形成固态薄膜即氮化硅薄膜。

⑦ 丝网印刷。太阳能电池经过制绒、扩散及PECVD等工序后，已经制成PN结，可以在光照下产生电流，为了将产生的电流导出，需要在电池表面上制作正、负两个电极。用丝网印刷的方法，完成背场、背电极、正栅线电极的制作，如图6-8所示。工艺原理：给硅片表面印刷一定图形的银浆或铝浆，通过烧结后形成欧姆接触，使电流有效输出。正面电极用Ag金属浆料，通常印成栅线状，在实现良好接触的同时使光线有较高的透过率。背面通常用Al金属浆料印满整个背面，一是为了克服由于电池串联而引起的电阻，二是减少背面的复合。

图6-8 丝网印刷

⑧ 烘干和烧结。经过丝网印刷后的硅片，不能直接使用，需经烧结炉快速烧结。具体是烘干金属浆料，并使其中的添加料挥发，在背面形成铝硅合金和银铝合金，以制作良好的背接触。铝硅合金过程实际上是一个对硅进行P掺杂的过程，需加热到铝硅共熔点（577℃）以上。经过合金化后，随着温度的下降，液

相中的硅将重新凝固出来，形成含有少量铝的结晶层，它补偿了N层中的施主杂质，从而得到以铝为受主杂质的P层，达到了消除背结的目的。

6.4.2 太阳能电池片智能生产线设计

太阳能电池片智能生产线开发一般以集成式的方式进行，将多个供应商提供的生产设备进行排列组合，然后形成一条整线。目前太阳能电池片的单站设备已趋于标准化，性能比较稳定，所以不需要进行过多改造。我们只需要加入上下料设备，统一总线的通信方式，然后加入MES系统，再结合现场情况添加合适的功能模块，就可以完成整线的设计。本节我们主要简单介绍下重要单站的设备。

（1）硅片自动检测分选机

硅片自动检测分选机系统整体采用非接触测量方式，通过在流水线中设置多个工位，分别实现硅片各个参数的检测。其中，电阻率、厚度、P/N型号等采用电涡流法和电容法实现非接触自动检测，轮廓尺寸采用机器视觉CCD检测，隐裂、孔洞缺陷通过红外视觉技术检测，表面脏污通过机器视觉并辅以特殊设计光源检测，线痕缺陷通过光针扫描技术检测。

（2）硅片清洗制绒一体机

太阳能电池片目前主要以链式清洗/制绒为主，一般来说将一摞堆叠的硅片放置于全自动上下料机上，即可完成整个工艺的自动上下料，一般来说单台上下料的碎片率不超过千分之一。目前主流的设备有德国的RENA及SCHMID，工位数有5工位和8工位。由于工艺的改进，目前5工位的速度更快，产能更大，可以达到每小时4000片以上，并且由于设备的宽度减小，溶液的均匀性更好。

（3）管式扩散炉

管式扩散炉主要由石英舟的上下载部分、废气室、炉体部分和气柜部分等四大部分组成。扩散一般用三氯氧磷液态源作为扩散源。制造PN结是太阳电池生产最基本也是最关键的工序。因为正是PN结的形成，才使电子和空穴在流动后不再回到原处，这样就形成了电流，用导线将电流引出，就是直流电。

（4）全自动去磷硅玻璃设备

全自动去磷硅玻璃设备是一条集清洗、腐蚀、吹干为一体的全自动综合清洗工艺线，一般由本体、清洗槽、伺服驱动系统、机械臂、电气控制系统和自动配酸系统等部分组成，主要动力源有氢氟酸、氮气、压缩空气、纯水、热排风和废水。

（5）丝网印刷线

电池丝网印刷整线是一条可印刷单晶及多晶硅太阳能电池的自动化生产线，

涵盖上料、丝印、缓存、翻板、烘干、烧结、检测、自动分选等工位。设备采用PLC、伺服、机器视觉等各种先进的自动化技术，实现从蓝膜片上料到电池片分选出料的全自动印刷整线。

（6）烧结炉

烧结炉分为辊道和链式烧结炉，辊道式烧结炉采用高纯度石英辊道传输电池片，质量很小的电池片进出炉子带走的热量极少，比较节能。链式的烧结炉有金属网会带走热量，所以能耗高。辊道式烧结炉一般会配置3~4个燃烧塔，将所有排烟通道中的有机物全部燃烧，实现零排放。烧结的过程分为预烧结、烧结、降温冷却三个阶段。预烧结阶段目的是使浆料中的高分子黏结剂分解、燃烧掉，此阶段温度慢慢上升；烧结阶段中烧结体内完成各种物理化学反应，形成电阻膜结构，使其真正具有电阻特性，该阶段温度达到峰值；降温冷却阶段，玻璃冷却硬化并凝固，使电阻膜结构固定地粘附于基片上。

6.5

太阳能电池组件智能生产线设计

我国太阳能电池组件的生产线成套装备制造业起步稍晚，在装备制造精良程度方面与国外产品还有一定差距，但经过多年的技术研发和积累，已形成了自己独特的优势。主要体现在国内太阳能电池组件生产线制造企业更加贴近市场，设备专业化、生产效率高、交货周期短、技术服务和售后服务快捷；二是我国成套的制造设备性价比高，国外的制造商多采用集成机器人技术路线，在自动化程度、技术指标和可靠性指标等方面具有较大的优势，但因其价格相当昂贵，近年来出货量很少，主要被欧美等光伏厂商所采用。

6.5.1 太阳能电池组件生产工艺

稳定可靠、高效便捷的太阳能组件生产工艺直接关系到组件的输出电参数、工作寿命和成本。具体工艺流程如图6-9所示。

如果按设备划分，生产工艺可分为前、中、后三段。如图6-10所示，前段主要是电池片的互连，中段是层压，后段是参数检测和包装。电池片互连决定了组件的电性能。目前，光伏组件的标准电池片数量为60片或72片，对应以10或12条铜线作为汇流条将其连接起来，6组互连为一个光伏组件。在电池片互连后，一般需按照钢化玻璃、胶膜、电池片、背板以从下到上的顺序，经过层压的方式封装在一起，背板与钢化玻璃将电池片和胶膜封装在内部，通过铝边框和硅胶密

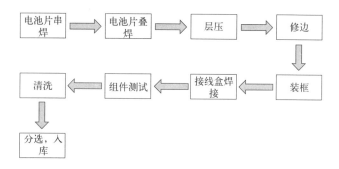

图6-9 太阳能电池组件生产工艺流程

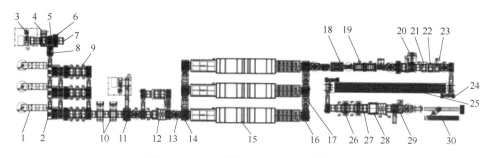

图6-10 某太阳能电池组件生产线设备

1—全自动串焊机；2—机器人排版机；3—机器人玻璃搬运机；4—EVA裁切铺设机；

5—双向传输机；6—缓存机；7—传输机；8—自动上模板机；9—汇流条焊接机；

10—二层EVA/TPT裁切铺设机；11—双玻合膜机；12—EL+VI检测机；13—水平旋转机；

14—混进机；15—层压机；16—混出机；17—带折叠通道传输机；18—自动削边机；

19—翻转检测台；20—打胶装框一体机；21—接线盒涂胶安装机；22—接线盒焊接机；

23—全自动接线盒灌胶机；24—固化上/下料机；25—固化链板机；26—180°翻转机；

27—对中（规正）机；28—绝缘IV测试仪；29—自动贴标机；

30—机器人分挡装箱机

封边缘保护。经过层压处理后，光伏组件的使用寿命可大幅提高，且能显著优化环境耐受性与力学性能。层压结束后，就是组件参数检测，当各项指标达到标准后，进行分选包装。

6.5.2 太阳能电池组件智能生产线设计

太阳能电池组件智能生产线一般以输送线将主要的生产功能单元串联起来，整条生产线可根据客户的不同需求，增加不同的封装设备模块，实现组件的全套生产流程。整个线体的控制系统主要由分布式I/O、伺服控制、控制器、上位系统组成；采用现场总线技术进行信息传输和信号传递，传输快捷精准，解决了信号传输过程中传递延时、信号受干扰而衰减的问题，提高了设备的操作精度。整个线体配备EL检测、绝缘耐压、IV等检测系统，实现在线检测控制，保障生产组件品质；具备智能检测预警系统，保障生产过程可靠稳定；支持与MES系统无缝对接，实现生产过程可视化管理。

6.5.3　前段设备电池片的互连

前段设备电池片的互连由无损激光划片机、AGV机器人、全自动串焊接机、自动汇流条焊接机对接组成，可实现电池片划片、搬运、焊接、电池串排版及汇流带焊接功能。

无损激光划片机是利用高能激光束照射在工件表面，使被照射区域局部熔化、气化，从而达到划片的目的。其一般采用模组式设计，便于调节和更换，维护便利，上下料同侧，可对接AGV小车实现无人上料。在上下料的同时通过千万级的工业相机对电池片的大小、分割线直线度、有无裂开、崩边和缺角进行检测。电池串的串焊是将单体电池串联焊接成电池串，具体步骤是自动上电池片、裁切焊带、喷涂助焊剂、将焊带与电池片栅线对应在一起，然后进行焊接。其焊接方法是将单体电池正面电极（负极）上的互连条的另一半焊接到相邻的下一个电池的背面电极（正极）上，依次将N个单体电池串联焊接形成一个电池串，最后在组件串的正负极焊引出导线。串焊前，将单体电池片置于焊台上，电池片正极朝上，互连条的未焊部分放置在右边，将电池片铺好准备焊接。太阳能电池串焊机焊接速度快、焊锡均匀、质量一致性可靠性高、焊接表面美观。串焊机的可靠性特别重要，直接关系到组件质量，焊接可靠性差是导致电池早期失效的主要原因。

目前有光伏设备制造商已将无损激光划片和电池片的串焊集成为一台设备，如图6-11，以多分片模式布带、布片后进入焊接工位，"化零为整"实现超高速焊接。

图6-11　"小牛"S5000P型划片串焊一体机

而且可以对全过程来料电池片检测、划片后检测、串EL检测（选配）、串焊后质量全程检测。集成式的设备可使工序更加集中，便于管理，减少搬运环节，提高了生产效率。

全自动串焊机和汇流条焊接机（如图6-12）等焊带型焊接机分很多种，如热风焊、电磁焊、红外焊、软接触焊接、激光焊，还有导电胶焊接机CFCP胶、MWT焊接、半片焊接等，可根据不同情况选择合适的焊接类型。汇流条焊接机焊头采用一体化直线设计，集成度高，接线简单，安装便捷，具备二次纠偏功能，搭配视觉系统保证输出串间距的一致性。具备智能化设备控制系统，一键式操作。汇流条焊接机一般由旋转电池片模组、电池片CCD定位模组、焊带处理模组、电池片焊接模组、下料模组和软件控制系统构成。设备主体中太阳能电池片区和焊接区为全封闭结构，并且太阳能电池串下料篮可与自动排版机集成。

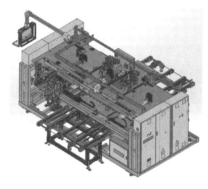
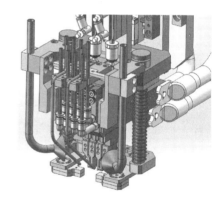

(a) 全自动汇流条焊接机　　　　　　　　　　　　(b) 焊头

图6-12　全自动汇流条焊接机

6.5.4　太阳能组件的层压

将组件串按顺序排好，然后再将其他辅材，即玻璃、切割好的EVA还有背板按照一定的层次铺设好，准备接下来的层压，如图6-13。铺设时保证电池串与玻璃等材料的相对位置，调整好电池间的距离，为层压打好基础。

太阳能组件层压是电池组件生产的关键一步，通过控制加热、真空和压力封装太阳能组件，形成一致、环境稳定的复合结构，一般通过太阳能电池组件层压机完成。层压温度与层压时间是层压过程的关键参数，主要由EVA的性质决定。经过目视和 EL检验合格后的组件传输至层压机腔体内后，在真空环境

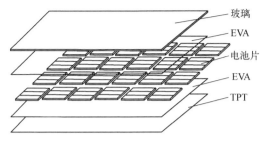

图6-13 铺设层次

下，加热至一定温度，使EVA融化，将电池片、玻璃、背板粘接在一起，然后自动传输层压机通过工艺控制，使得EVA在9min左右实现快速融化与固化，完成组件的层压。层压机按照腔室和层数划分为单腔层压机、双腔层压机、三腔层压机、双层单腔层压机、双层双腔层压机和双层三腔层压机等几种，如图6-14。

图6-14 太阳能层压机

层压流程为入料—加热—抽真空—层压—充气—进入二腔室—固化—充气—进入三腔室—冷却—充气—出料。层压机采用加热板油加热方式，温控精度高，温度均匀性更稳定，使用PLC全智能操控，触摸屏显示操作；可独立完成加热—抽真空—层压—放气过程，工艺参数任意可调。

6.5.5 太阳能电池组件装框、参数检测及包装

太阳能组件层压结束后，需要对组件进行整形、EL（electro luminescence）检测、修边、外观检测、装框、接线盒焊接、固化、清洗、IV测试、耐压绝缘测试和包装分选入库。主要工艺步骤介绍如下：

① EL检测。也就是电致发光，利用晶体硅的电致发光原理，配合高分辨率的红外相机拍摄晶体硅的近红外图像，通过图像软件对获取图像进行分析处

理，检测太阳能电池组件有无隐裂、破片、断栅、虚焊、混档、黑斑、短路、删距等缺陷。一般来说叠层后、层压前的EL检测就是检测所有半成品电池板。如果发现任何问题，我们可以在层压前简单地更换坏的太阳能电池，如图6-15所示。

图6-15　EL检测

② 修边。层压结束后，EVA受热会具有流动性，受到压力向外延伸形成毛边，等到从层压机中出来后需要通过修边机对组件的四周多余的EVA进行切除，如图6-16。具体修边流程是：组件通过输送线进入修边机，到达阻挡位置后停止，然后居中机构将组件进行规正，四周的切刀开始从前向后进行切除动作。

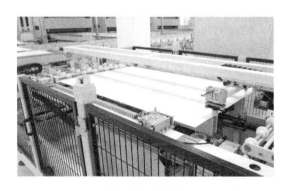

图6-16　修边机

③ 装框。组件经过外观、EL检测后，需通过装框机加装铝合金边框来提升整体的强度。此外，装框还可以密封电气、延长组件的寿命。边框和玻璃之间的间隙用自动加胶或者脂来填充。在加装的过程中，铝边框上下错位≤0.6mm，且装配牢固，不允许有松动现象。

④ 接线盒焊接。接线盒作为太阳能电池组件的一个重要部件，是介于太阳能电池组件构成的太阳能电池方阵和太阳能电池充电控制装置之间的连接器。为了保证使用寿命，接线盒应由工程塑料注塑制成，并加有防老化和抗紫外线

辐射剂，能确保组件在室外长期使用不出现老化破裂现象。接线柱应由外镀镍层的电解铜制成，能确保电气导通及电气连接的可靠。接线盒焊接机如图6-17所示。

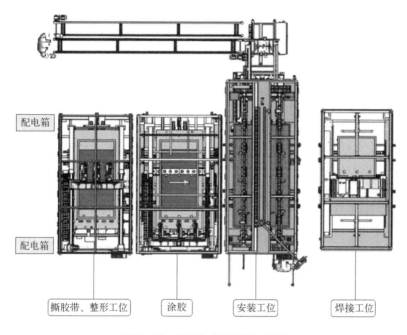

图6-17 接线盒安装焊接一体机

⑤ IV测试。测试的目的是校准电池的输出功率，测试其输出特性，判断该组件的质量等级。组件放入测试机（见图6-18），测试仪输出曲线值，当值不在设定标准范围内时，机器发出报警，并通过NG流线输出。

图6-18 IV测试机

⑥ 耐压绝缘测试。这个测试是指在组件框架和电极引线之间施加一定的电压，目的是检查绝缘耐受工作电压或过电压的能力，进而检验产品设备的绝缘性能是否符合安全标准，以确保组件在恶劣的自然条件下（雷击等）不受损坏。

全自动太阳能组件生产线实现了机械化、智能化生产，避免了人工操作不当对组件生产质量的影响，极大地降低了人工成本，提高了组件生产效率；传输单元采用PU同步带传输，具有传动平稳、吸振力强、噪声低、寿命长等特点，可避免发生位移，保证传输安全。

附录

附录-1 常用的零件材料及处理方式

序号	材质	处理方式	备注
1	6061-T6	喷砂亮银	一般铝制零部件,优先考虑使用
2	6061-T6	黑色阳极氧化	检测类零部件,优先考虑使用
3	6061-T6	硬质阳极氧化	治具类零部件,优先考虑使用
4	6061-T6	本色阳极氧化	铝制转盘、大板类零部件,优先考虑使用
5	6063	/	/
6	A7075-T6	/	高强度轻质零部件,优先考虑使用
7	LY12	/	一般铝制零部件,优先考虑使用
8	铝型材	/	多用于机架外罩
9	黄铜、锡青铜	/	耐磨材料
10	S45C	镀硬铬、镀铬、镀镍、发蓝处理	支架类及承重类零部件,优先考虑使用
11	铸铁(HT200)	喷塑、喷漆	导轨底座、机架底座
12	40Cr	氮化、发蓝处理、镀铬	耐磨材料
13	65Mn	/	多用于弹簧制作
14	SKD11(日本)	调质+镀硬铬	有高硬度要求使用
15	SUS303/SUS304	拉丝、喷丸、钝化、镜面	感应器支架零部件,优先考虑使用
16	SUS316	拉丝、喷丸、钝化、镜面	
17	镀锌板	/	/
18	Q235-A	烤漆	机架、护罩类零部件,考虑使用
19	SPCC	烤漆	机架、护罩类零部件,考虑使用
20	白色或黑色POM(赛钢)	/	有无防静电和颜色要求,一般用于轻质结构件
21	透明或茶色亚克力(有机玻璃)	/	治具、目视护罩零部件,考虑使用

序号	材质	处理方式	备注
22	铁氟龙	/	白色或黑色
23	PE	/	一般轻质结构件
24	尼龙	/	一般轻质结构件
25	PEEK	/	一般轻质结构件
26	PVC	/	一般轻质结构件
27	聚四氟乙烯	/	/
28	氟橡胶	/	有硬度要求,需注明硬度
29	丁腈橡胶	/	有硬度要求,需注明硬度
30	优力胶(UR)	/	有硬度要求,需注明硬度,一般用于缓冲件、垫块等
31	钢化玻璃	/	/
32	电木(环氧树脂压板)	/	有黑色、红色、黄色等颜色
33	镀铬棒	/	精度要求不高的轴类零部件,优先考虑使用
34	Cr12MoV	淬火HRC50~60	有硬度要求的零部件,优先考虑使用
35	ABS	/	/
36	黑色大理石	/	机架底座

附录-2　热处理方式与表面处理方式

热处理方式		
序号	热处理方式	介绍
1	淬火	常用于用于中碳钢、高碳钢、轴承钢、工具钢等整体淬火,淬火后需做低温回火,不同的材质和形状变量不同,真空淬火变形量小于普通淬火。在技术要求内要明确真空淬火或普通淬火,硬度用HRC表示,硬度范围为±2HRC,真空淬火成本高于普通淬火
2	调质	调质是淬火加高温回火,一般45钢调质可写为T235(硬度是220~250HB),高于32HRC时称为淬火

热处理方式		
序号	热处理方式	介绍
3	正火	使内部组织均匀,提高切削性能和强度
4	去应力退火	焊接后需要做去应力退火来消除应力,常用的做法是将焊接后的零件整形然后在炉中加热到580℃~610℃,保温时间为保温板厚的2.5倍,随炉冷却,例如:20mm的板保温时间为50min
5	渗碳淬火	通常用于含碳量小于0.3%的低碳钢,渗碳深度在0.5~2mm之间,根据工件的大小不同渗碳深度选择不同,工件或齿轮模数越大渗碳层越深,反之越浅。渗碳层越深变形量越大。常用的渗碳钢有20CrMnTi、20CrNiMo等。我们一般要求有效硬度层0.8~1.1mm
6	高频淬火	加热的深度为0.5~2.5mm,一般用于中小型零件的加热,如小模数齿轮及中小轴类零件等。一般要求有效硬度层0.8~1.1mm
7	中频淬火	加热深度为2~10mm,一般用于直径较大的轴类和大中模数的齿轮加热
8	工频淬火	加热淬硬层深度为10~20mm,一般用大直径零件的表面淬火
9	渗氮	渗氮深度一般在0.2~0.3mm之间,渗氮后表面会加厚15μm左右,硬度在500~600HV。渗氮相对其他热处理变形量最小,渗氮一般不需要进一步精加工,并且渗氮后可以防锈,常用的氮化钢有38CrMoAl、42CrMo等
表面处理方式		
序号	表面处理方式	介绍
1	发蓝处理	防止表面腐蚀,膜厚在2~5μm,通常可忽略
2	磷化	磷化过程跟发蓝处理类似,防腐蚀性能高于发蓝处理
3	镀锌	膜厚5~20μm,用于防腐蚀和装饰表面
4	镀镍	防腐蚀性能高于镀锌,价格远远高于镀锌
5	镀硬铬	用来提高表面硬度和耐磨性能,一般膜厚为0.03~0.07mm,太厚容易脱落,硬度可达800~900HV
6	阳极氧化	用来提高零件的防氧化性能和装饰零件表面,常用的有阳极本色、阳极黑色、阳极红色等,阳极后工件厚度会减小5~10μm
7	硬膜阳极氧化	用来提高零件表面硬度和防氧化性能,膜厚可以做到0.02~0.1mm,颜色单一,一般为黑灰色。同步带轮的硬膜阳极的膜厚为0.03mm,硬度为300~400HV

附录-3 常用的标准件品牌

序号	品牌	说明
1	MISUM、怡合达等	常用标准件品牌
2	Festo、Airtac、SMC、气立可等	常用气动元件品牌
3	AirBest、SMC、SCHMALZ等	常用真空元件品牌
4	川北	常用高真空元件品牌
5	双人徐、JFLO、易格思、LANGO、椿本精工等	常用拖链品牌
6	HIWIN、THK、TBI、SATA等	常用直线导轨、滚珠丝杠品牌
7	TOYO、HIWIN、CKD、东日等	常用单轴模组品牌
8	EPSON、ABB、KUKA、FANUC、安川、YAMAHA、MITSUBISHI等	常用机械手、机器人品牌
9	三福士、立德、松立达等	常用分割器品牌
10	雷赛、多摩川、施耐德、信浓、三洋、东方等	常用步进电机品牌
11	精研、松下等	常用调速电机品牌
12	三菱、西门子、汇川、松下、禾川、台达、松下等	常用伺服电机品牌
13	KIMPO、锋桦、NEWSTAR、涟恒、SEW、湖北行星、利茗等	常用伺服电机减速器品牌
14	基恩士、欧姆龙、西门子、松下、海什木等	常用感应器品牌
15	司毛特、怡合达、帕森等	常用皮带、同步带品牌
16	NSK、MISUMI、THK、SKF、HRB、FAG德国等	常用轴承品牌

序号	品牌	说明
17	Hamilton	常用注射器品牌
18	ACER、飞利浦、戴尔等	常用电脑、显示器品牌
19	大族、IPG、通快、海目星、锐科等	常用激光机品牌
20	Ray-laser、Blackbird、IPG、通快、Scanlable、CTI、卡门哈斯等	常用振镜品牌
21	施耐德、欧姆龙、正泰等	常用继电器品牌
22	和泉、施耐德、西门子、ABB、海格等	常用电气元件品牌
23	BASLER、FUR、OPT、DALSA、基恩士、BANNER、康耐视、海康、海什木等	常用相机、光源品牌
24	Bry-air、百奥、安诗曼、金广信等	常用工业除湿机品牌
25	远程	常用皮带模组品牌
26	DATALOGIC、KEYENCE、霍尼韦尔、基恩士等	常用扫码枪品牌
27	博士、马头、英格索兰等	常用扭力枪品牌
28	Proface、西门子、三菱、汇川、图尔克、KEBA、威纶通等	常用PLC、触摸屏品牌
29	高川、固高、科尔摩根、凌华、康泰克等	常用运动控制卡品牌
30	明纬、衡孚、金点通、MW、欧姆龙、施耐德等	常用开关电源品牌
31	公牛、德力西、驰伟等	常用插座品牌

序号	品牌	说明
32	EATON、施耐德、Banner等	常用三色灯品牌
33	Rittal	常用电控柜品牌
34	邦纳、基恩士、信索、WZ. KUNZH、欧姆龙、西克（SICK）、REER等	常用安全光栅品牌
35	德派、世椿、国优、SCA、固瑞克、冰平等	常用涂胶系统品牌
36	汇乐、力科、国优等	常用除尘机品牌
37	翔捷、同飞、国优等	常用冷水机品牌
38	达因特、国优、晟鼎等	常用等离子清洗机品牌
39	安士能、欧姆龙、施迈赛等	常用安全门锁品牌
40	KITO、德马格、高博等	常用环链葫芦品牌
41	雷恩博、飞秒、得力捷等	常用激光打标机品牌
42	研华、西门子、控创、康泰克、倍福等	常用工控机品牌
43	日置、FLUKE、菊水等	常用绝缘耐压仪品牌
44	日置、FLUKE、安捷伦	常用数字万用表品牌
45	科尔摩根、汇川、安川等	常用DD电机品牌

注：排序不分先后，按需选择合适品牌供应商

附录-4 常用的执行元件、控制元件、辅助元件名称及示例图片

类别		序号	规范名称	说明	示例图片
气动类	气源处理元件	1	二联件		
		2	三联件		
		3	调压过滤器		
		4	过滤器	包含油雾分离器、空气过滤器等	

续表

类别		序号	规范名称	说明	示例图片
气动类	气源处理元件	5	排水器		
		6	调压阀		
		7	精密调压阀		
		8	调压阀固定板		
		9	气压表	气压显示表	
		10	储气罐		
		11	增压阀	管路增压	
	控制元件	12	电磁阀	气缸,高压用	
		13	电磁阀	真空泵,低压用	
		14	集成电磁阀组件	电磁阀组合	
		15	电磁阀侧托架	电磁阀侧边固定板	
		16	气控阀	气动控制阀	
		17	汇流板	包含电磁阀汇流板、气控阀汇流板	
		18	盲板		

类别		序号	规范名称	说明	示例图片
气动类	控制元件	19	堵头		
		20	消声器		
		21	手滑阀		
		22	脚踏阀		
		23	机械阀		
		24	数字式流量开关		
	执行元件	25	标准气缸		
		26	超薄气缸		
		27	笔形气缸		
		28	画板气缸	包含螺纹气缸、面板气缸等	
		29	多固气缸		
		30	无杆气缸		
		31	滑台气缸		
		32	夹爪气缸	双爪气缸、三爪气缸、四爪气缸等	

类别		序号	规范名称	说明	示例图片
气动类	执行元件	33	双轴气缸		
		34	三轴气缸		
		35	夹紧气缸		
		36	回转气缸		
		37	阻挡气缸		
		38	气液增压缸		
		39	气缸限位块		
		40	气缸固定板		
		41	气缸感应器		
		42	气缸感应器绑带		
	辅助元件	43	浮动接头	包含I形接头、Y形接头、浮动接头、鱼眼接头等	
		44	油压缓冲器		
		45	接头	包含直接头、L形接头、变径接头	
		46	微型接头		

类别		序号	规范名称	说明	示例图片
气动类	辅助元件	47	三通接头	包含T形三通、Y形三通等	
		48	四通接头		
		49	五通接头		
		50	调速接头	包含调速接头、管路调速阀等	
		51	单向阀		
		52	快速排气阀		
		53	快速接头公头		
		54	快速接头母头		
		55	快速接头公母头		
		56	歧管块		
		57	喷嘴		
		58	气管		
		59	活动软管		
		60	螺旋气管		

类别		序号	规范名称	说明	示例图片
气动类	真空元件	61	真空发生器	只包含真空发生器	
		62	真空发生器组件	发生器、压力开关、电磁阀集合体	
		63	真空过滤器	连接吸盘与发生器、用于过滤	
		64	真空吸盘		
		65	数显压力开关		
		66	压力开关支架		
		67	真空调压阀		
		68	真空泵		
		69	KF 真空接头卡箍		
		70	KF 真空接头		
		71	KF 真空波纹管		
MISUMI	导向轴及其相关	72	导向轴	包含所有类型导向轴	
		73	导向轴固定座	包含所有类型导向轴固定座	
		74	导向轴固定环	包含所有类型固定环	

类别		序号	规范名称	说明	示例图片
MISUMI	导向轴及其相关	75	直线轴承	包含所有类型直线轴承	
		76	直线轴承止动片		
		77	直线轴承调整环		
		78	微型滚珠衬套组件		
		79	微型滚珠衬套		
		80	无油衬套	包含所有类型无油衬套	
		81	无油衬套垫片		
	支柱及其相关	82	支柱		
		83	支柱固定夹		
		84	支柱固定座		
		85	刻度表夹套		
	直线模组及其相关	86	直线模组	包含KK、其他品牌丝杠模组	
		87	皮带模组	同步带模组	
		88	直线电机		

类别		序号	规范名称	说明	示例图片
MISUMI	直线模组及其相关	89	电缸		
		90	光电感应器安装条		
		91	感应器安装板		
		92	感应片		
		93	模组盖板		
		94	滑块连接板		
		95	风琴防尘罩		
		96	机械手		
		97	机械手控制器		
		98	手动丝杠组件		
		99	左右旋直线模组		
		100	滚柱丝杠		
		101	滚柱丝杠螺母		
		102	梯形丝杠		

类别		序号	规范名称	说明	示例图片
MISUMI	直线模组及其相关	103	梯形丝杠螺母		
		104	丝杠位置显示器		
		105	梯形丝杠固定件		
		106	丝杠固定座		
		107	直线导轨		
		108	导轨		
		109	滑块		
		110	抽屉式导轨	抽屉用滑轨	
		111	交叉滚子导轨		
		112	拖链		
		113	拖链接头		
		114	波纹管		
		115	波纹管固定支架		
		116	波纹管接头		

类别		序号	规范名称	说明	示例图片
MISUMI	转动类	117	输送机	输送带组件	
		118	转轴		
		119	铰链销		
		120	轴承		
		121	轴承座	轴承+固定座	
		122	轴承随动器		
		123	轴承垫圈		
		124	轴承锁紧螺母		
		125	轴承螺母扳手		
		126	轴承止动销		
		127	联轴器		
		128	联轴器调整环		
		129	万向接头		
		130	同步带轮	包含主动轮、惰轮	

类别		序号	规范名称	说明	示例图片
MISUMI	转动类	131	同步带		
		132	同步带压板	连接同步带与活动机构的金属件	
		133	免键轴衬	同步带与转动轴固定件	
		134	滚轮		
		135	无动力滚筒	大型滚轮	
		136	钢珠滚轮		
		137	滚轮条		
		138	平带轮	包含主动轮、惰轮	
		139	平带		
		140	圆带		
		141	圆带轮		
		142	齿轮	包含直齿轮、斜齿轮、锥齿轮	
		143	齿条		
		144	链条	包含塑料链条、金属链条	

类别		序号	规范名称	说明	示例图片
MISUMI	转动类	145	链轮	包含主动轮、惰轮	
		146	接头链节		
		147	链条导向件		
		148	步进电机		
		149	伺服电机减速器		
		150	调速电机		
		151	调速器		
		152	调速电机减速器		
		153	振动盘		
	转盘类	154	DD电机		
		155	凸轮分割器		
		156	分割器电机安装板		
		157	中空旋转平台		
		158	光学玻璃转盘		

类别		序号	规范名称	说明	示例图片
MISUMI	定位、导向	159	定位销	包含所有类型定位销	
		160	定位销衬套	定位销衬套	
		161	顶出销		
		162	止回组件		
		163	自锁组件		
		164	弹簧柱塞		
		165	快速夹		
		166	弹簧夹		
		167	探针		
		168	手动微调平台		
	弹簧	169	拉伸弹簧		
		170	拉伸弹簧支柱		
		171	碟形弹簧		
		172	板簧		

类别		序号	规范名称	说明	示例图片
MISUMI	弹簧	173	扭簧		
		174	压缩弹簧		
		175	压缩弹簧垫片		
		176	矩形弹簧		
		177	氮气弹簧		
		178	弹簧拉绳		
	螺钉相关	179	圆柱头内六角螺钉	材料、螺距等特征在型号中说明	
		180	半圆头内六角螺钉	材料、螺距等特征在型号中说明	
		181	无头内六角螺钉		
		182	平头内六角螺钉		
		183	平头十字螺钉		
		184	外六角螺栓		
		185	膨胀螺钉		
		186	吊环螺钉		

类别		序号	规范名称	说明	示例图片
MISUMI	螺钉相关	187	螺栓		
		188	平垫		
		189	弹垫		
		190	调整螺钉		
		191	调节块		
		192	等高螺钉		
		193	方形螺母		
		194	六角螺母		
		195	法兰螺母		
	型材门配件	196	铝型材		
		197	型材螺母		
		198	T形螺钉		
		199	型材角座		
		200	型材端盖		

类别		序号	规范名称	说明	示例图片
MISUMI	型材门配件	201	脚轮脚杯组件		
		202	脚轮		
		203	脚杯		
		204	脚轮调整块		
		205	合页		
		206	把手		
		207	旋钮		
		208	弹簧扣		
		209	弹簧插销		
		210	型材封条		
	其他	211	平键		
		212	C形扣环		
		213	E形扣环		
		214	开口销		

类别		序号	规范名称	说明	示例图片
MISUMI	其他	215	油嘴		
		216	磁铁		
		217	电磁铁		
		218	磁条		
		219	橡胶垫		
		220	橡胶条		
		221	O形圈		
	加热相关	222	隔热板		
		223	温度调节器		
		224	加热棒		
		225	感温头		
		226	隔热棉		
		227	散热块		
	通风吸尘	228	风机		

类别		序号	规范名称	说明	示例图片
		229	空气净化器		
		230	通风管		
通风吸尘		231	通风管卡箍		
		232	通风管接头		
		233	通风管三通		
		234	键盘鼠标		
		235	键盘抽屉套装		
		236	键盘托架		
		237	按钮盒		
电控相关		238	电控箱		
		239	光纤放大器导轨	固定光纤感应器放大器	
		240	光耦隔离模块		
		241	打标机		
		242	打印机桌子		

类别		序号	规范名称	说明	示例图片
电控相关		243	压力传感器		
		244	线槽		
加工材料		245	防静电POM		
		246	防静电PEEK		
		247	玻璃板		
		248	亚克力管		
		249	PET塑料硬片		
		250	PVC胶片		
		251	铍铜棒		

注:排序不分先后,供学习使用

参考文献

[1] 黄霞，杨岩. 机械设计 [M]. 北京：科学出版社，2018.

[2] 刘治华. 机械制造自动化技术及应用 [M]. 北京：化学工业出版社，2018.

[3] 陈哲艮，郑志东. 晶体硅太阳电池制造工艺原理 [M]. 北京：电子工业出版社，2017.

[4] 吴达成. 我国光伏组件封装设备制造现状及展望 [J]. 太阳能，2012（08）：14-16.

[5] 刘海波. 光伏组件封装设备产业的发展趋势分析 [J]. 科技与企业，2013（12）：366.

[6] 李东广，温长亮，朱俊付，等. 全自动化太阳能电池组件削边机：201510054566.7 [P]. 2017-11-03.

[7] 陈阳. 军工企业的数字化机加/装配生产线改造 [J]. 机电产品开发与创新，2017，30（05）：99-101.

[8] 谢晖. 数字化工厂在智能电表自动化生产线中的应用研究 [J]. 制造业自动化，2018（6）：30-35.

[9] 毛凌翔. 数字信息产品生产线研究 [J]. 数字图书馆论坛，2014（5）：32-38.

[10] 张定华，罗明，吴宝海. 智能加工技术的发展与应用 [J]. 航空制造技术，2010（21）：40-43.

[11] 尹凌鹏，刘俊杰，李雨健. 智能生产线技术及应用 [M]. 北京：冶金工业出版社，2022.

[12] 梁亮，梁玉文，宋宇. 自动化生产线安装与调试 [M]. 北京：北京理工大学出版社，2016.

[13] 廖常初. PLC编程及应用 [M]. 北京：机械工业出版社，2011.

[14] 关旭东. 硅集成电路工艺基础 [M]. 北京：北京大学出版社，2003：62-85.

[15] 王鸿飞. 我国光伏产业发展现状、存在问题及解决对策 [J]. 资源开发与市场，2013（8）：840-843.

[16] 苗泽志，范新丽，戎有兰. 机器人在光伏扩散工序上下料中的应用 [J]. 工艺与装备，2013（4）：29-30.

[17] 机械电气安全　电气设备：第1部分　通用技术条件：GB 5226.1—2008 [S].

[18] 机械安全　控制系统有关安全部件：第1部分　设计通则：GB/T 16855.1—2008/ISO 13849—1：2006 [S].

[19] 工业系统装置与设备以及工业产品结构原则与参照代号：第2部分　项目的分类与分类码：GB/T 5094.2—2018 [S].